Historia de la Matemática
Pitágoras y el pitagorismo

Douglas Jiménez

Historia de la Matemática
Pitágoras y el pitagorismo
© Douglas Jiménez
dougjim@gmail.com; @dougjimenez
1ª edición, agosto de 2.013

*

ISBN 978–1490396262

Índice general

Introducción vii

Alfabeto griego xiii

Capítulo 1
La aritmética elemental de los pitagóricos 1

1.1 Las fuentes de nuestro conocimiento de lo pitagórico 3

1.2 La concepción ontológica del número 7

1.3 El número pitagórico 12

1.4 Las clasificaciones pitagóricas del número 15

1.5 La forma de los números 22

1.6 Razón y proporción 31

Retos del capítulo 1 32

Notas y referencias bibliográficas del capítulo 1 37

Capítulo 2
La matemática pre–pitagórica 41

2.1 La matemática de Babilonia 43

2.2 La matemática egipcia 46

2.3 El aporte de Tales 50

Retos del capítulo 2 55

Notas y referencias bibliográficas del capítulo 2 56

Capítulo 3
La geometría pitagórica 59

3.1 Los ángulos internos de un triángulo 61

3.2 El teorema de Pitágoras 64

3.3 El teorema de Pitágoras en otras culturas 70

ÍNDICE GENERAL

3.4 Las ternas pitagóricas 76
3.5 Aplicación de áreas..................................... 80
3.6 Los sólidos platónicos 89
Retos del capítulo 3... 95
Notas y referencias bibliográficas del capítulo 3............ 98

Capítulo 4
La aritmética superior de los pitagóricos 101

4.1 Logos frente a álogos................................... 103
4.2 División en extrema y media razón 111
4.3 Razón y proporción: las definiciones.................... 113
4.4 Orden y aproximaciones 118
4.5 "Números lado y diagonal": $\sqrt{2}$ 120
4.6 Arquímedes y la aproximación a π 122
4.7 De los griegos a Dedekind 128
Retos del capítulo 4... 131
Notas y referencias bibliográficas del capítulo 4............ 134

Capítulo 5
Alcances del pitagorismo 137

5.1 Nicómaco y Boecio 139
5.2 Comentario acerca de las *Aritméticas*. Libro 1 141
5.3 Comentario acerca de las *Aritméticas*. Libro 2 144
5.4 Rithmomachia 145
5.5 Más allá del medioevo................................... 150
APÉNDICE 1: Resumen capitular de la *Aritmética* de Nicómaco . 154
APÉNDICE 2: Resumen capitular de la *Aritmética* de Boecio 157
Retos del capítulo 5... 160
Notas y referencias bibliográficas del capítulo 5............ 162
Índice de temas... 171

ÍNDICE GENERAL

Índice de nombres propios 176

Índice de términos griegos 179

Introducción

Entrar a las páginas de este libro requiere de ti, lector, pertenecer al grupo de personas capaz de entender la cultura con una visión lo suficientemente amplia, como para comprender con claridad la importancia del papel que el pensamiento matemático tiene en la elaboración de los conceptos que nos definen como seres humanos del momento actual. No es necesario que seas un profesional de la materia: basta con que te resistas a integrar la amplia cohorte de quienes le huyen despavoridos, oyendo ingratas consejas que lo hacen un conocimieto de élite o bajo el influjo del recuerdo de algún profesorastro, más interesado en su lucimiento personal que en la divulgación del conocimiento encomendado, muchas veces deficientemente comprendido por él mismo.

De manera que se trata de una oferta abierta, pero la intencionalidad con la que originalmente fue escrita apuntaba hacia un público joven que viera en la matemática una vía a seguir, bien como sendero o bien como destino. Por eso quizá la obra respira un poco algún aire de conversación juvenil, un aliento con sentido peripatético, una conversación de caminata que exige alguna parada para el análisis de un diagrama o un cálculo. Una obra estudiantil, en resumen.

Pero para abordar estos contenidos, lo primero que el estudiante debe entender es que un curso de Historia de la Matemática *no es* un curso de matemática. No se trata de la tradicional lista de axiomas, definiciones y teoremas en secuencia que conforman una teoría. Se trata, más bien, de una visita a los terrenos del pensamiento que permiten edificar esas construcciones teóricas con la firmeza y solidez que tanto le gustan. Es, entonces, un viaje hacia lo epistemológico (la construcción del pensar científico), lo filosófico (el amor al conocimiento por el conocimiento mismo) y, por qué no, por lo poético (la búsqueda de las claves estéticas del conocimiento científico).

Esto, en la práctica, es una pequeña dificultad puesto que la formación del matemático discurre entre el silogismo y la certeza binaria, lo que hace arduas las exploraciones hacia terrenos del conocimiento en los que la duda es la base misma de dicho conocimiento. Sin embargo, lo anterior no es óbice para emprender una propuesta de inclusión de estos contenidos dentro del régimen de estudios de los candidatos a la licenciatura o el profesorado en matemática. Después de todo, la opción docente es una con altos índices de probabilidad para el ejercicio de estos profesionales, y nadie pondría en duda seriamente el valor epistemológi-

INTRODUCCIÓN

co del estudio de la evolución histórica del pensar científico. Esto, por lo que se refiere a los fines prácticos, que siempre deben argüirse para una propuesta de inclusión curricular; sin embargo, el estudio de las venturas y desventuras de los conceptos científicos –y, algunas veces, las de quienes los generaron– sirven como instrumento motivador para la profundización, en el empeño de adquirir y manejar con propiedad estos conceptos.

Enfrentado a la tarea de hacer una proposición en este sentido, el proponente tiene ante sí dos caminos. El primero es el exhaustivo: contar la historia de la matemática desde sus inicios hasta algún tiempo relativamente reciente; este enfoque puede seguirse con excelentes libros como los de E. T. Bell, Struik, Boyer o Babini. Tiene, no obstante, el inconveniente de que el intento de abarcar dificulta el apretar; razón por la cual parecen más adecuados a actividades de divulgación científica en las que el compromiso con la materia a aprender no va más allá de la superficie. A quienes quieran hundir la cabeza dentro del agua, podría recomendarse su lectura más bien como una actividad libre.

En consecuencia, un segundo enfoque parece más adecuado. Se trata de seleccionar un tema específico, estudiar su propia evolución y tratar de investigar sus implicaciones sobre la matemática posterior; para este libro escogimos el pitagorismo. La razón de ello es que, desde un punto de vista práctico, en el pitagorismo está el germen de las ideas que los matemáticos profesionales actuales reconocen como propias. Es decir, la escuela pitagórica es –independientemente de su halo místico (que, por otra parte, la hace muy interesante históricamente)– la primera escuela matemática profesional de la que se tenga noticia y los temas que estudió todavía hoy son objeto de análisis. Lo interesante de un enfoque como este último es que bajo la denominación común de *Historia de la Matemática* pueden englobarse una serie de seminarios de historia, que permitirían a un instructor una total libertad en la selección de los temas.

Respecto a este libro en particular vale la pena hacer algunas acotaciones de estilo. Para quien esto escribe, el objetivo fundamental es la comprensión de las dificultades de los creadores de la ciencia matemática. En ocasiones, algunos libros de historia nos dan la sensación de que el conocimiento se generó tal como nos llega a través de los libros de texto; al plantearse de esta manera se pierde el potencial epistemológico de la enseñanza de la historia del conocimiento. Por ejemplo, si decimos que Euclides resolvió esta o aquella ecuación de segundo grado, sin explicar que –realmente– lo que quería era llevar a cabo una cierta construcción geométrica, el explorador de la matemática proyecta sobre el hecho histórico su experiencia actual, por lo cual podría trivializarlo, creando

INTRODUCCIÓN

así una expectativa peligrosa en lo que respecta a su visión de la forma en que este conocimiento se adquiere. De manera que lo recomendable es acercar el lector a las fuentes tanto como se pueda.

En lo que respecta a los términos griegos, hay buena cantidad de ellos en el texto, escritos en su propio alfabeto. No se trata con esto de dar una pedante sensación de dominio del idioma de Homero y Euclides, sensación que –por otra parte– en nuestro caso sería del todo falsa. Pero es importante que el lector sepa que muchas batallas conceptuales se dieron alrededor del significado o de la ortografía de un término en particular, por lo cual ellos abundan en los libros más importantes de la historia de la matemática que tocan la evolución de esta materia dentro del pensamiento griego. De manera que esta obra les sirve, en ese sentido, como entrenamiento hacia la lectura de textos más exigentes. Para facilitar la tarea, en la página xiii damos el alfabeto griego ordenado, además al final del libro se encontrará un índice con todos los términos griegos usados y su pronunciación aproximada en español.

Una palabra respecto a los pies de página. Entiendo que la idea de un pie de página es proveer de información colateral; pero llamar pie de página a algo que ocupe tres o cuatro páginas me ha parecido siempre una desproporción. Después de todo, la presencia del pie de página desvía la atención del lector y su uso debe tener la moderación necesaria, para que el regreso al texto principal no venga precedido de un "¿En qué andaba yo?". Por esa razón este libro tiene solo dos pies de página en toda su extensión... sin embargo, tiene una gran cantidad de llamadas a notas de fin de capítulo. Algunos amigos me dicen que esto es inútil, porque nadie lee notas a fin de capítulo. Si juzgo por mí mismo, tengo que decir que esto es falso: yo sí las leo. Pero en todo caso lo importante es la libertad del lector para decidir qué lee o qué no: si el texto que hace la llamada motiva, el lector atenderá la llamada... es mi profunda convicción. Mucho más agradable para el autor sería saber que el lector atendió las llamadas luego de una segunda lectura. Como quiera que sea el derecho a la lectura continua es es una potestad de quien lee y de nadie más.

Otra función de las notas de fin de capítulo es la de ser portadores de la información bibliográfica. Un libro de historia no es otra cosa que una reorganización particular –permeada quizás de las interpretaciones personales del autor– de fuentes leídas aquí y allá. Pero a veces sentimos la necesidad de saber dónde se puede encontrar tal o cual información y, sin duda, que muchas veces queremos leer, o por lo menos estar en contacto, con las obras de donde proviene la información. Hasta donde fue posible, la información de este libro acude a fuentes originales, entendiendo como tales las transcripciones conocidas de los textos de los autores considerados como clásicos o históricos. Por supuesto, también

INTRODUCCIÓN

hay un apoyo considerable de muchos autores modernos.

Por último, los problemas. Esta es una práctica inusual en los libros de historia de la matemática, puesto que éstos o bien se escriben con visión divulgativa o bien orientados al matemático profesional del cual se espera una visión sólida del conocimiento. En el primer caso, incluir problemas pudiera ser un componente que alejara al lector; en el segundo, sería casi un irrespeto. Pero esta obra espera contar entre su público a estudiantes de matemática en formación o lectores no temerosos de tomar papel y lápiz para aclarar sus dudas, que es un público con un conocimiento intermedio entre los extremos comentados; de manera que la inclusión de problemas pudiera actuar en ellos como un elemento motivador. A los problemas los he llamado **Retos**... son una invitación a explorar territorio, pero tampoco el lector debe sentirse compelido por su presencia; si quiere seguir leyendo a pesar del reto está en su derecho; por esa razón quedan también –al igual que las notas– al final del capítulo, aun cuando se indica el sitio de la lectura en el que se hacen pertinentes.

La calidad de los retos propuestos es variable, no se trata necesariamente de los problemas cerrados, con solución segura, que aparecen en los textos técnicos de la materia; es decir, los que un estudiante pudiera resolver en un texto cualquiera de matemática. Puede que algunos lo sean; cuando así suceda, el objetivo del problema es que el lector cubra un paso que el pensador también necesitó cubrir, pero cuya explicación alejaría el texto del tema principal. Otros problemas son simples recolecciones de datos que el lector podrá buscar en otros libros o en internet. Y finalmente están los problemas de ensayo: es decir, aquellos en los cuales se exige una postura del lector ante el hecho histórico; dependiendo de su interés, estos problemas podrían conducirlo a ir mucho más lejos de donde esta lectura lo haya dejado. Todo esto pudiera parecer muy escolar: asumo el riesgo derivado.

Una palabra, lector, acerca de la propia historia de este texto. En el año 2007 se realizó en la ciudad de Cumaná, en Venezuela, la octava edición de los talleres TForMa, acrónimo de *Talleres de formación matemática*, una hermosa experiencia pedagógica vacacional con estudiantes de matemática de las distintas universidades del país, en los que estos estudiantes se ponen en contacto con temas extracurriculares de su propia disciplina. El año 2007 fue el estreno de la historia de la matemática en este evento y me tocó la agradable responsabilidad de escribir el texto y dictar el correspondiente seminario, durante ese año y el siguiente. En este año 2013, parte de estos contenidos serán empleados para el dictado de un seminario sobre la materia, en el que los participantes serán profesores de la asignatura, la mayoría de educación media, que escogen

INTRODUCCIÓN

a la *Escuela Venezolana de Enseñanza de la Matemática*, a realizarse en la ciudad de Mérida, como una manera de aumentar y compartir sus conocimientos. Agradezco a ambos eventos la oportunidad que me han brindado para establecer un contacto humano enriquecedor e inolvidable.

Cabudare, Venezuela, agosto de 2013

Alfabeto griego

A	α	Alpha		N	ν	Nu
B	β	Beta		Ξ	ξ	Xi
Γ	γ	Gamma		O	o	Omicrón
Δ	δ	Delta		Π	π	Pi
E	ε, ϵ	Epsilon		P	ρ, ϱ	Rho
Z	ζ	Zeta		Σ	σ, ς	Sigma
H	η	Eta		T	τ	Tau
Θ	θ, ϑ	Theta		Υ	υ	Upsilon
I	ι	Iota		Φ	ϕ, φ	Phi
K	$\kappa, \varkappa$	Kappa		X	χ	Chi
Λ	λ	Lambda		Ψ	ψ	Psi
M	μ	Mu		Ω	ω	Omega

Capítulo 1
La aritmética elemental de los pitagóricos

¿Pitágoras o lo pitagórico? Esta pregunta es la clave del estudio del fenómeno intelectual que, en la antigua Grecia, se desarrolló alrededor de un ser humano cuyos datos vitales son tan confusos como el recuento de sus propios aportes. Existió, en efecto, un personaje llamado Pitágoras; tenemos numerosas evidencias escritas de ello, pero todas muy posteriores al personaje y muchas impregnadas del halo de misterio con el que el pitagorismo parece haber nacido y crecido. Las fuentes de las que se origina nuestro conocimiento actual acerca de Pitágoras y su escuela abarcan un amplio espectro, que desde la hagiografía y el panegírico se desplaza hasta la visión estrictamente científica, no desprovista esta última, sin embargo, de matices místicos o mistificadores.

1.1
Las fuentes de nuestro conocimiento de lo pitagórico

Hay coincidencia en señalar a Samos, isla del mar Egeo, como el lugar de nacimiento de Pitágoras, hecho que debió haber ocurrido alrededor de la segunda mitad del siglo VI a.C. Su padre fue Mnesarco, comerciante y viajero, quien indujo en el hijo la necesidad andariega. La isla de Samos está cercana a Mileto, que en la época fue lugar de residencia de Tales, uno de los siete grandes sabios de la Grecia clásica, quien es considerado el primer geómetra (en el sentido que damos hoy a la palabra) de la antigüedad. Se piensa que Pitágoras entró en contacto temprano con Tales y que éste, producto de su propia experiencia viajera, lo motivó a visitar a Egipto.

Así, desde edad temprana Pitágoras se desplazó hacia Egipto, Fenicia y Babilonia. En estos lugares su infinita curiosidad tuvo contacto con hechos que mezclaban por igual lo misterioso con lo científico como un asunto de estricta necesidad. Por ejemplo, las pirámides egipcias representaban recintos sagrados, destinados a salvaguardar el cuerpo de importantes personajes mientras se esperaba la transmigración de sus almas; ahora bien, su construcción implicaba enormes dificultades de orden geométrico, lo que llevó a la necesidad de generar conocimiento en esta área, pero este conocimiento generado adquirió el carácter sagrado del objeto hacia el que se orientaba. La transmigración de las almas llegó a ser doctrina pitagórica.

Luego de permanecer muchos años fuera, Pitágoras regresa a Samos donde intenta, sin éxito, divulgar sus conocimientos junto a sus ideas. Parece que tales ideas no fueron claras para sus conciudadanos; además contó con la oposición del tirano Polícrates, obligándose a emigrar nuevamente, esta vez a Crotona en la costa sur de Italia. Crotona había vencido recientemente a Sibaris, destruyéndola totalmente en lo físico, pero adquiriendo quizás buena parte de la molicie que la había caracterizado y dado origen al adjetivo *sibarita*, como sinónimo de persona habituada a la buena vida y la comodidad. Por esta razón, es extraño

1.1. FUENTES DE CONOCIMIENTO PITAGÓRICO

que Pitágoras pudiera fundar en Crotona una escuela de pensamiento regida en lo fundamental por su ascetismo casi anacoreta; no es extraño entonces que alguna vez Pitágoras y sus seguidores fueran perseguidos cruelmente por los mismos crotonenses que los acogieron.

La escuela pitagórica era democrática en lo relativo a la composición de sus miembros, a ella podían pertenecer incluso las mujeres lo cual es mucho decir para la época. Sin embargo, fue absolutamente cerrada en lo que se refiere a la divulgación del conocimiento en ella generado. Es común oír que al menos algún pitagórico –Hipaso de Metaponto, se dice– perdió la vida por dejar llegar a la calle determinado conocimiento producido en la escuela. Todos estos conocimientos eran atribuidos al propio Pitágoras, a quien se veneraba de tal manera que no se osaba pronunciar su nombre; bastaba referirse a *el hombre* para entender de quien se trataba. Esta exagerada veneración envolvió en la leyenda tanto a la escuela como al maestro, haciendo imposible para la historia identificar lo que produjo Pitágoras de lo que produjeron sus alumnos. Éstos se dividían en dos clases: los *matemáticos o conocedores* (μαϑηματικοί, mathematikoi) y los *acusmáticos u oidores* (ἀκουσματικοί, akousmatikoi); los primeros eran iniciados que gozaban del privilegio de estar en contacto directo con el maestro y sus enseñanzas; los segundos, recibían las enseñanzas pero no sus fundamentos,[1] lo cual podría explicar el hecho de que tenían la obligación de defender el secreto de éstas así como lo prístino de su carácter.

El hermetismo del pitagorismo y la ausencia de materiales escritos al respecto dificultaron a la posteridad, como ya dijimos, la identificación precisa de las contribuciones de la escuela; según Heath lo único cierto es la ausencia de fuentes escritas y esta ausencia pudiera haber conducido a inventar el supuesto hermetismo.[2] Uno de los aportes más tempranos es el del historiador griego Heródoto (o Herodoto, siglo V a.C.), quien en el cuarto tomo de su famosa obra *Los nueve libros de la historia*[3] hace a Pitágoras amo del servicio de algún Zamolxis, personaje que, a partir de un truco, se labró una imagen de inmortal entre sus paisanos tracios.[4]

Por su parte, Platón (427–347 a.C.), quien acusa una muy fuerte influencia pitagórica en su vida y obra, recoge el aporte de la escuela acerca de la semejanza entre el estudio de la astronomía y la música –que comentaremos luego– en el libro séptimo de su diálogo *La República o De lo justo*.[5] Más todavía, se atreve a una excelente definición del fenómeno pitagórico cuando, en el décimo libro del mismo diálogo, dice:[6]

> Si Homero no ha prestado ningún servicio a la sociedad, ¿lo ha prestado, cuando menos, a los particulares? ¿Se dice de él que haya

CAPÍTULO 1. LA ARITMÉTICA ELEMENTAL DE LOS PITAGÓRICOS

>dirigido durante su vida la educación de algunos jóvenes que se hayan unido a él y hayan transmitido a la posteridad un plan de vida homérico, como cuentan de Pitágoras que, durante su vida, fue buscado con ese fin y que ha dejado fieles a quienes se distingue todavía hoy entre todos los demás hombres por el género de vida que ellos mismos califican de pitagóricos?

Guthrie afirma que el platonismo debe al pitagorismo original tanto como el pitagorismo tardío debe al platonismo.[7]

Muchas más alusiones a la obra pitagórica se hallan esparcidas a lo largo de las páginas escritas por Aristóteles (384–322 a.C.) En lo que sigue, orientados por la prosa aristotélica tendremos oportunidad de identificar gran cantidad de aportes del pitagorismo. Sin embargo, diera la impresión de que Aristóteles, al igual que nosotros, no identifica claramente los logros del propio Pitágoras de aquellos que fueron producto del movimiento intelectual que lideró; de hecho alude a "los pitagóricos" antes que a Pitágoras mismo. En la *Metafísica*, por ejemplo, afirma:[8]

>En este tiempo, y aun antes, los llamados pitagóricos fueron los primeros que se entregaron al estudio de las matemáticas y las hicieron progresar. Educados en su estudio, llegaron a creer que los principios de las matemáticas eran principios de todas las cosas.

Ya entrados en nuestra era, tenemos la obra de hagiógrafos como Diógenes Laercio[9], Porfirio[10] o Iámblico.[11] A pesar de estar alejados de una visión científica, su lectura aporta pistas importantes al tema. Más orientado por la matemática, sin dejar de lado lo hagiográfico, conseguimos a Proclo (411–485 d.C.) con su *Comentario al primer libro de Euclides*.[12] Proclo fue un erudito matemático y filósofo del siglo V de nuestra era que dejó abundante obra escrita; a partir de esta obra inferimos que pudo leer importantes libros de la antigüedad que hoy se encuentran perdidos y a los que no tenemos acceso. Con relación a nuestro personaje, Proclo afirma:[13]

>... Pitágoras desvió la filosofía de las matemáticas hacia un esquema de educación liberal, examinándolas desde sus primeros principios y estudiando sus teoremas desde un punto de vista abstracto orientado por un esfuerzo puramente intelectual. Fue quien descubrió la teoría de las proporciones y la estructura de las figuras cósmicas.

La obra de Proclo remite de manera natural a Euclides (aprox. 325–265 a.C.) Éste escribió un monumental tratado en trece libros: los *Elementos*,[14] en el cual recoge enciclopédicamente el saber matemático

1.1. FUENTES DE CONOCIMIENTO PITAGÓRICO

acumulado hasta su época, sobre una base estrictamente geométrica. Proclo, entre otros, nos ha ayudado a identificar buena parte de los aportes pitagóricos dispersos a todo lo largo y ancho de los *Elementos*, llegando incluso a afirmar que éstos fueron escritos con el propósito expreso de destacar el descubrimiento pitagórico de los poliedros regulares, que luego se llamaron *sólidos platónicos*. Como nos haremos acompañar por Euclides a cada paso del viaje que daremos en esta obra, es bueno decir algo acerca de la estructura de los *Elementos*.

Comienzan, sin preámbulo ninguno, con 23 *definiciones*. En buena medida éstas siguen el patrón moderno de lo que significa una definición, aún cuando algunas de ellas incluyen términos que hoy aceptaríamos en la teoría como no definidos. Por ejemplo, define: *Un punto es lo que no tiene partes*.[15] Luego establece cinco *postulados* y posteriormente ocho *nociones comunes*; ambas corresponden a lo que llamamos axiomas, pero los primeros son proposiciones de tipo geométrico y las segundas proposiciones lo suficientemente generales para abarcar cualquier campo de estudio. Por ejemplo, el primer postulado establece que siempre es posible trazar una recta entre dos puntos distintos cualesquiera,[16] mientras que la primera noción común afirma que cosas iguales a una tercera son iguales entre sí.[17]

Hay definiciones en varios de los trece libros, pero solo el primero contiene postulados y nociones comunes; se supone que toda la teoría posterior se basa en estas trece afirmaciones. Finalmente, las *proposiciones* constituyen la parte gruesa de la obra; corresponden a lo que llamamos teoremas: son afirmaciones que hay que demostrar usando para ello bien los postulados y nociones comunes o bien otras proposiciones o bien la mezcla de ambas. Existe una nomenclatura relativamente sencilla para referirnos al contenido de los *Elementos*, por ejemplo si escribimos Def. I.11 estamos hablando de la definición 11 del primer libro o bien Prop. XII.2 es la segunda proposición del duodécimo libro.

De manera que, a pesar de la resistencia del pitagorismo a dejar obra escrita, la posteridad llegó a conocer la mayoría de sus aportes y hay abundantes testimonios de ello.[18] Para terminar esta sección, podemos intentar un resumen de esta vasta obra –pero solo en el aspecto matemático, por supuesto– que estaremos luego obligados a detallar hasta el punto que lo permita el espacio disponible para esta corta exposición de historia de la matemática:

Arimética elemental. La importancia del número: el número natural como el número por excelencia. Clasificación de los números. La relación de los números con la geometría: los números y sus formas. El concepto de razón y la teoría de las proporciones.

CAPÍTULO 1. LA ARITMÉTICA ELEMENTAL DE LOS PITAGÓRICOS

Geometría. La suma de los ángulos internos de un triángulo. El teorema de Pitágoras. Los problemas de aplicación de áreas. Los sólidos platónicos.

Aritmética superior. El descubrimiento de los irracionales: la raíz cuadrada de 2 y el número áureo. Las dificultades de la teoría de las proporciones relacionadas con lo irracional.

Reto 1.1

1.2 La concepción ontológica del número

Comencemos aclarando términos. El *Diccionario de Filosofía* define *ontología* de la siguiente manera:[19]

> La ontología es el estudio de la ciencia del ser en cuanto ser...

y la clasifica como una de las ramas de la metafísica, de forma que, de acuerdo al título de esta sección, nos disponemos a hacer el análisis de un ejercicio metafísico.

La esencia del pensar pitagórico es ontológica y se resume en una frase: *Todo es número*. La frase, como muchos aportes pitagóricos, es revolucionaria; lo ontológico era una preocupación fundamental para cualquier pensador griego, tal como lo establece Aristóteles:[20]

> Es claro que debemos procurarnos la ciencia de las primeras causas (pues decimos que conocemos una cosa cuando consideramos conocer su causa primera).

pero él mismo nos hace un resumen de las opiniones de los filósofos anteriores, mediante el cual conocemos que la mayoría de los prepitagóricos creían que todas las cosas tenían una primera causa material que seleccionaban dentro de los que, para la época, se llamaban *elementos*: aire, agua, tierra y fuego. Tales, por ejemplo, creyó que el agua era el principio de todas las cosas.

Algunos de los prepitagóricos se atrevieron a pensar en una primera causa no material. Siguiendo la relación de Aristóteles,[21] conseguimos que Hesíodo, concibió el Amor o Deseo como principio; Empédocles, el Mal y el Bien; Leucipo y Demócrito concebían la materia como producto de lo lleno y lo vacío. Pero la concepción pitagórica es revolucionaria

1.2. LA CONCEPCIÓN ONTOLÓGICA DEL NÚMERO

por cuanto al centrar el cosmos (κόσμος: universo ordenado, palabra de origen pitagórico) y todo cuanto contiene en el número, dio origen a una enfebrecida búsqueda de propiedades de los números cuyo resultado final fue el nacimiento de una incipiente, pero vigorosa, teoría de números que llegó a hacerse una con la geometría, en una simbiosis que tendremos luego oportunidad de analizar.

Por ahora, nos debe preocupar la identificación de los hechos que condujeron al pitagorismo al establecimiento de su premisa fundamental. Entre algunas otras, podemos identificar principalmente dos: la música y la astronomía.

§

La música

En el pitagorismo la música jugaba un papel fundamental. Para ver qué tanto podemos leer a Iámblico:[22]

> Pitágoras consideraba que la atención primordial al hombre apuntaba a su sensorialidad, como cuando se perciben hermosas figuras y formas o se oyen hermosos ritmos y melodías. En consecuencia, estableció como la más alta erudición a aquella que se sostiene sobre las melodías y los ritmos y, a partir de ella, obtenía curas y remedios para las pasiones humanas, con lo que restablecía la armonía original de las facultades del alma.

Figura 1.1: Experimentos de Pitágoras

La anécdota quiere (Iámblico mismo)[23] que, al pasar Pitágoras al frente de una herrería, se haya sentido maravillado por el ritmo que pro-

CAPÍTULO 1. LA ARITMÉTICA ELEMENTAL DE LOS PITAGÓRICOS

ducía el sonido de los martillos sobre el yunque. Claro... no todos eran agradables, de manera que valía la pena identificar éstos de los otros. Pitágoras llegó a la conclusión de que los martillos armónicos eran los de peso 12, 9, 8 y 6: el primero producía la octava, el segundo la quinta, el tercero la cuarta y el último el tono correspondiente. Si tomamos la relación del martillo más pesado respecto a los demás obtenemos las fracciones $\frac{4}{3}$, $\frac{3}{2}$ y $\frac{2}{1}$. De regreso en su habitación, Pitágoras colgó, de cuatro cuerdas iguales, pesos en proporción a los anteriores y al hacerlos vibrar sintió nuevamente las consonancias que había percibido en la herrería.

Pitágoras llevó estas ideas al monocordio, instrumento musical que, como su nombre lo indica, tiene una sola cuerda y cuya invención se le asigna. Si esta cuerda se divide con marcas en 12 partes iguales, presionándola a diferentes longitudes se obtienen diversas fracciones del tono principal correspondientes a las observadas en los pesos de los martillos: es decir, en la sexta marca se obtiene la octava, en la novena la cuarta y en la octava marca la quinta del tono. En el libro *Theorica Musicae*, de Franchino Gaffurio se encuentra un famoso dibujo que ilustra los experimentos pitagóricos (ver fig. 1.1). Al establecer estas regularidades sobre las cuerdas y el sonido, Pitágoras se convierte así en el precursor de la afinación de los instrumentos musicales.

El solo hecho de que la armonía se produjera como relaciones entre números enteros ya era un punto de atención pitagórica. Sin embargo, no se trataba de números enteros cualesquiera. Las razones eran 4/3, 3/2 y 2/1 que contienen en sí mismas los números 1, 2, 3, y 4 y esta cuaterna tenía para ellos un significado especial. Desde muy temprano –lo hemos comentado– el pitagorismo enlazó el número a la geometría, así al 1 se le asocia el punto; al 2 el segmento, que por extensión conlleva a la idea de recta; al 3 se asocia el triángulo cuya existencia nos conduce a la idea de plano y el 4 se acompaña con la pirámide que es, sin duda, la forma más sencilla visualizable en el espacio que habitamos (ver fig. 1.2). De esta manera, los números 1, 2, 3, y 4, en sucesión, generan nuestro espacio: los pitagóricos los llamaron el *Tetractys (τετρακτύς) sagrado*.

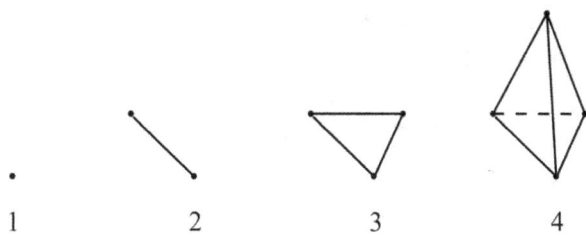

Figura 1.2: El Tetractys pitagórico

1.2. LA CONCEPCIÓN ONTOLÓGICA DEL NÚMERO

Astronomía

La astronomía igualmente formaba parte esencial de las preocupaciones pitagóricas y, como era su costumbre, también en esta área sus aportes brillaban por la originalidad. Las concepciones pitagóricas incluían la redondez de la Tierra lo que, se sospecha, pudo haber sido inducido por la sombra que proyecta el planeta sobre otros astros durante los eclipses. Asimismo, aplicaron a las distancias celestes su primitiva teoría de las cuerdas analizada en el apartado anterior; así la distancia entre los astros correspondería proporcionalmente a las longitudes de la cuerda necesarias para producir sonidos armónicos. Esto significa que también los cuerpos celestes guardan entre sí una armonía que produce un sonido, al cual se denominó *armonía de las esferas*, perceptible solo por grandes iniciados; para algunos solo Pitágoras tenía este privilegio.

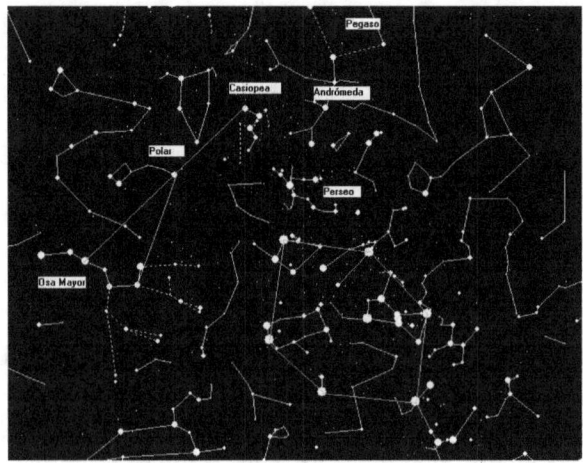

Figura 1.3: Las constelaciones tienen forma y número

Heath asoma la hipótesis de que la relación entre la astronomía y el número pudo provenir de la observación de las constelaciones celestes,[24] en cuanto a éstas se les asigna *forma* pero además también hay un *número* entero que se puede relacionar con ellas: el número de astros que componen la constelación (ver fig. 1.3). Así, número y forma aparecen ligados, característica que, como veremos más adelante, es fundamental en el desarrollo de la teoría de números pitagórica.

§

Debemos aclarar algo. Cuando los pitagóricos relacionan el número con las cosas no se trata de que aquél sea un accidente de éstas, es decir,

CAPÍTULO 1. LA ARITMÉTICA ELEMENTAL DE LOS PITAGÓRICOS

no se afirma que las cosas *tienen* número; la doctrina es más profunda a este respecto: las cosas *son* número. Es una afirmación de carácter ontológico: el número está presente en la realidad porque la realidad está hecha de números. Aristóteles dice:[25]

> ... dieron por supuesto que los elementos de los números son los elementos de toda la realidad...

informando además del esfuerzo pitagórico por asimilar la música al cosmos, un esfuerzo que a Aristóteles se le antojaba artificial:

> ... si en alguna parte se advertía una deficiencia se apresuraban a realizar las adiciones necesarias a fin de que la doctrina fuera totalmente coherente.

y, finalmente, el estagirita[26] resume de esta manera:

> A este respecto se hace patente que también éstos consideraron el número como *principio*,[27] siendo tanto la materia de los seres, como el fundamento de sus modificaciones y sus estados.

La tendencia mística de estos pensadores llevaría los números hacia esferas que hoy se nos hacen extrañas. Ciertos números representarían el alma o la oportunidad, otros la razón o la justicia, algunos la opinión o el matrimonio. Por otra parte, pudiera asomarse la hipótesis de que el pitagorismo fue germen inicial de algunas sectas místicas que aún hoy, en nuestro muy racional entorno, tienen influencia relativa. Además, la creencia en cosas que la razón no puede explicar es común en las religiones. Y tanto en las sectas como en las religiones militan, sin conflicto aparente, personas cuya actividad diaria necesita del auxilio de la parte estrictamente racional de sus mentes.

No obstante, de lo que se trataba era de aritmetizar la realidad. *Aritmética* viene de ἀριθμός (*arithmos*), palabra que emplearon los pitagóricos para identificar al número y, con los escasos recursos de conocimiento que tenían a la mano, ellos fueron construyendo una cosmología basada en el ἀριθμός, tal como se intentó luego desde el Renacimiento, en un esfuerzo que concluyó exitosamente en la obra de Isaac Newton y que hasta hoy gobierna, en lo esencial, la visión que tenemos de la naturaleza: *la conocemos si la matematizamos*. A esta tendencia el pitagórico Arquitas (aprox. 428–350 a.C.) la denominó *Arithmetica universalis*, título que empleó Newton para bautizar la que, quizás, es su más importante obra matemática, en la que, entre otras cosas, fundamenta el concepto de número más o menos como lo entendemos en la actualidad.

1.3. EL NÚMERO PITAGÓRICO

Pero más allá de la extrañeza que pueda generar en nosotros algunas visiones místicas o mistificadoras del pitagorismo aparentemente fuera de la racionalidad, su importancia estriba en que, al dar preeminencia al número como constituyente esencial de la realidad, tal concepción obligaba al estudio de este componente. (En la actualidad se establece que la materia está compuesta de átomos y el estudio del átomo es central en la física moderna.) Así, la búsqueda frenética del número en todo acto perceptible o concebible llevó la atención al número mismo como objeto de estudio y, con ello, a las formas geométricas en tanto representables por el número. A Pitágoras le debemos la palabra *matemática* (μαθήματα): recordemos que los *matemáticos* (μαθηματικοί o μαθηματικός) eran los iniciados de la escuela, aquellos que tenían acceso personal al maestro; es decir, a Pitágoras; es decir, a *el hombre*. Y fueron los *matemáticos* quienes generaron un mundo conceptual, absolutamente racional, ligado en su raíz fundamental a aspectos que hoy todavía se constituyen en problema de estudio.

Trataremos de penetrar en la esencia pitagórica de estos conceptos, desde los más elementales que conforman su primitiva teoría de números, pasando por su geometría y llegando a las claves más profundas del número, esas que entroncan con los conceptos actuales de número irracional, base de la continuidad y del análisis matemático moderno.

1.3
El número pitagórico

La visión del concepto de *número* que disfruta el matemático actual es de gran amplitud y generalidad; tanto tiene de ambas que ha permitido englobar con ese concepto desde el mundo de lo discreto hasta las complejidades de lo continuo. Pero es producto de una lenta evolución histórica, cuyo origen se remonta a los esfuerzos de los pitagóricos por comprender la naturaleza de una realidad que estaba regida precisamente por los números. El ἀριθμός o número pitagórico está bastante cerca de lo que hoy denominamos *número natural* pero con alguna variante importante.

Para los griegos se convirtió en un nudo filosófico de primer orden el papel que jugaba el *uno* (ἕν) o la *unidad* (μονάς) en la constitución del ser de las cosas. Representaba un problema el hecho de que pudiéramos llamar *uno* a lo que, en principio, era múltiple, por ejemplo un haz de espigas o una línea quebrada continua. De manera que lo uno y lo múltiple necesitaban su propia caracterización. El número, entonces, pasó a caracterizar lo múltiple, por lo cual la unidad se separó conceptualmente

CAPÍTULO 1. LA ARITMÉTICA ELEMENTAL DE LOS PITAGÓRICOS

de él, aun cuando aquella fuera absolutamente necesaria para la construcción de éste. En resumen: el *Uno* no es un número. Esta doctrina se mantiene, con variaciones de forma, en la mayoría de los pensadores posteriores al pitagorismo. Por ejemplo, en Aristóteles, leemos:[28]

> ... "Uno" significa medida de una cierta multiplicidad, y "número" significa pluralidad medida y pluralidad de medidas. Por este motivo es sensato que no se identifique al Uno con el número, porque la medida no es un conjunto de medidas, sino que la medida y el Uno son principios.

Más o menos cincuenta años después, Euclides continúa con esta tradición en su séptimo libro donde, de entrada, sus dos primeras definiciones dicen:[29]

1. Una unidad es aquello en virtud de lo cual cada una de las cosas que hay es llamada una.
2. Un número es una pluralidad compuesta de unidades.

Heath, siguiendo en lo fundamental a Iámblico, hace un resumen de la evolución del concepto de *uno*,[30] sin pasar por alto el comentario de que las definiciones euclidianas seguían las tendencias de autores contemporáneos a Euclides y que éste no incluyó en su definición la posibilidad de que, en algunos casos, las cosas fueran únicas en su multiplicidad como en el ejemplo de las espigas o la línea quebrada. En este resumen encontramos las siguientes definiciones:

(a) Una unidad es la frontera entre número y partes. Esta definición, según Heath–Iámblico, pertenece a "algunos pitagóricos" y establece el concepto de unidad como un límite a partir del cual son válidas tanto la multiplicación –es decir, la repetición, que producirá los números (poniendo una unidad al lado de otra tendremos *dos* unidades, etc.)–, como la división o fragmentación en partes iguales –con lo cual se abría el camino al concepto de fracción.

(b) "Cantidad limitada" es una definición que se asigna al pitagórico Timaridas (400–350 a.C.). Las dos palabras que la constituyen derivan de términos que han generado buena parte de las discusiones acerca de la matemática griega, estas son "cuanto" (ποσόν, se trata del adverbio de cantidad) y "límite" (πέρας) de las que tendremos oportunidad de conversar luego. Teón de Esmirna (70–135 d.C.) añade que una cantidad puede ser disminuida por sustracción consecutivamente, pero al llegar a la unidad ya no no quedaría nada si se

1.3. EL NÚMERO PITAGÓRICO

continúa la sustracción. Queda, sin embargo, la posibilidad de dividir la unidad, pero esto retorna la unidad al estado de multitud o número.

(c) Una importante concepción aritmo–geométrica del pitagorismo es que a todo número puede asignarse un polígono regular; tendremos oportunidad de estudiar esta doctrina en la sección 1.5. Estas identificaciones poligonales generan sucesiones numéricas todas las cuales comienzan en 1; por esta razón, algunos pensadores definieron la unidad como la "forma de formas".

(d) Iámblico insiste en la naturaleza del adverbio *cuanto* (ποσόν), observando que su principio es la unidad, es decir, aquello más allá de lo cual, procediendo por sustracción, el *cuanto* deja de ser. Siguiendo esta tendencia, Aristóteles dice:[31]

> ... todo número significa alguna cantidad, y la misma unidad es una cantidad, si no se la considera como medida, pues *ella es el factor indivisible en la esfera de la cantidad* (ποσόν).

Ahora bien, Aristóteles utiliza ποσόν tanto en el sentido discreto como continuo, razón por lo cual se ve obligado a diferenciar entre la unidad (μονάς) y el punto (στιγμή), siendo la primera lo indivisible sin posición y el último lo indivisible con posición.[32] Esto produce una definición aristotélica alternativa:[33] "la unidad es un punto carente de posición".

(e) El término griego πλῆθος, *plethos*, se traduce como *multitud* o *pluralidad*. Por eso, la definición de la unidad como *uno múltiple* o *uno plural* (πλῆθος ἕν), atribuida por Iámblico a la escuela de Crisipo (281–208 a.C.), fue catalogada por él mismo como confusa.

Respecto al concepto de número, aun cuando aparece involucrado en algunas de las tentativas de definición de las unidad vistas en los apartes anteriores, el mismo Heath nos hace un resumen de algunas de las concepciones imperantes obtenidas de diversas fuentes, casi todas de clara influencia pitagórica.[34] Destacamos:

(a) Tales parece acusar influencia egipcia al definir *número* como "colección de unidades".

(b) Siglos después, Eudoxo (408–355 a.C.) habló del número como "multitud definida".

CAPÍTULO 1. LA ARITMÉTICA ELEMENTAL DE LOS PITAGÓRICOS

(c) Teón utiliza un fraseo similar al que Estobeo atribuye al pitagórico Moderatus: "Un número es una colección de unidades o una progresión de pluralidad que comienza con una unidad y un retroceso que termina en una unidad".

(d) Las definiciones aristotélicas son más numerosas pero todas orientadas por el mismo estilo. En la *Metafísica* tiene las siguientes:[35] pluralidad limitada, pluralidad de unidades, síntesis de unidades, pluralidad de indivisibles, pluralidad mensurable por uno. Por otra parte, en la *Física* lo caracteriza como multiplicidad de unidades.[36]

(e) Nicómaco (60–120 d.C.) lo concibe como "multitud definida", "conjunto de unidades" o "flujo de cantidad hecho de unidades".[37]

Extrañas como puedan parecer al matemático moderno, tales definiciones se encontraban motivadas por una tendencia fundacional, pues el espíritu pitagórico –sancionado años después de manera casi impositiva por la enorme influencia platónica– estaba dirigido por el conocimiento como fin, alejado de cualquier interés en aplicaciones prácticas. Sin embargo, todo este conocimiento crecía sobre una base de crítica permanente, que fue abriendo el camino a modelos expositivos de la ciencia matemática que aspiraban a la perfección en la expresión de las ideas. De Pitágoras a Euclides transcurren más de dos siglos en los cuales se pasa de una ciencia nacida al abrigo de lo místico a otra en la que la razón exige dominio exclusivo. En lo esencial, el matemático actual es un colega de Euclides, pero sería ingrato de su parte negar la deuda que éste adquirió con sus predecesores, incluso aquellos que, con siglos de antelación, prepararon a Tales y Pitágoras el largo camino de seguridades e inseguridades sobre el que éstos desarrollaron sus maravillosos aportes.

1.4
Las clasificaciones pitagóricas del número

Pares e impares

Aristóteles establece que "los elementos del número son lo par (περισσός) y lo impar (ἄρτιος)".[38] De origen pitagórico seguro, éste parece ser el primer intento de clasificación de los números y se han recogido algunas definiciones en tal sentido, las cuales acusan las mismas dificultades de identificación de principios que surgieron al tratar de definir el *número* e identificar el papel del *uno* en la construcción de esa definición. En este caso las dificultades esenciales las encontramos con el *dos*

1.4. LAS CLASIFICACIONES PITAGÓRICAS DEL NÚMERO

o la Díada que, como principio de lo par, dificultaba su concepción como número.

Nicómaco escribió un tratado de aritmética[39] cuya influencia se extendió por toda la Edad Media, al punto de que el erudito Boecio (480–524 d.C.) –nacido en Roma– realizó una traducción del griego al latín, lo suficientemente libre para que algunos la hayan considerado obra propia del romano; esta última se denominó *De Institutione Arithmetica* y fue conocida simplemente como *Arithmetica*.[40] El libro de Boecio era el texto principal para la enseñanza del *quadrivium* en la Edad Media y tuvo una vigencia de aproximadamente mil años. En lo que sigue, cuando haga falta, referenciaremos los textos de Nicómaco en la obra de Boecio.

En el tratado de Nicómaco se recoge la que, según el autor, es la definición pitagórica de impar y par:[41]

> ...por la doctrina pitagórica, sin embargo, el número par es aquel que es posible dividir, por intermedio de una y la misma operación, en la mayor y menor (partes), mayor en tamaño pero menor en cantidad... mientras que un número impar es aquel que no puede ser tratado de esta manera, sino que se divide en dos partes desiguales.[42]

La explicación de esta complicada definición la da Iámblico: *menor en cantidad* se refiere a que la cantidad más pequeña de partes que se pueden tomar para dividir un número son dos; una vez hecha una división de este tipo, la que produce las dos partes *mayores en tamaño* es la correspondiente a las dos mitades del número, si esto fuera posible.

Quizá esta complicación hace que Nicómaco intente otras como por ejemplo:[43]

> un número *par* es aquel que se puede dividir en dos partes iguales y en dos partes distintas (excepto la díada fundamental que solo puede dividirse en dos partes iguales); ahora bien, como quiera que se divida sus dos partes deben ser de la misma clase, sin partes de la otra clase (es decir, las dos partes son ambas pares o ambas impares); por otro lado, un número *impar* es aquel que, como quiera que se divida sus partes son diferentes y tales partes siempre pertenecen a dos clases *distintas* respectivamente (es decir, una es impar y la otra par).

De esta definición recogida por Nicómaco llama la atención su carácter recursivo, esto es, al hablar de *clases distintas* o de *la misma clase* se está definiendo *lo par* y *lo impar* en términos de *par* e *impar*; pero, a

CAPÍTULO 1. LA ARITMÉTICA ELEMENTAL DE LOS PITAGÓRICOS

diferencia de una definición recursiva moderna, ésta no indica cuales son los primeros términos de cada clase.

Entre los fragmentos de Filolao encontramos lo siguiente:[44]

> Todas las cosas, al menos las que conocemos, tienen Número pues es evidente que nada en absoluto puede ser pensado o conocido sin el Número. *El Número es de dos clases distintas: lo impar y lo par, y una tercera, producto de una mezcla de las otras dos: lo par–impar. Cada una de estas subespecies se puede separar en variedades numerosas, cada una de las cuales muestra su propia individualidad.*

Esta, para nosotros, curiosa categoría de par–impar dentro de la clasificación dominó buena parte de las discusiones posteriores. Aristóteles llegó a decir que para los pitagóricos el uno era tanto par como impar,[45] lo cual fue interpretado por Teón en el sentido de que el 1 sumado a cualquier número (par o impar) cambia la naturaleza de éste, cosa que no sería posible si el 1 no tuviera ambas naturalezas. Este argumento es aún más curioso que la propia clasificación, pues Teón no parece haber reparado en que esta propiedad es común a todo número impar. Es difícil, sin embargo, saber a ciencia cierta cuánto avanzó el pitagorismo en la construcción de estas definiciones pero, de seguro por influencia platónica, Euclides presenta algunas de las "variedades numerosas" comentadas por Filolao en las definiciones 8, 9 y 10 de su libro VII, donde leemos[46]

> 8. Un número parmente par (ἀρτιάκις ἄρτιος ἀριθμός) es el medido por un número par según un número par.
>
> 9. Y parmente impar (ἀρτιάκις περισσός) es el medido por un número par según un número impar.
>
> 10. Un número imparmente impar (περισσάκις περισσὸς) es el medido por un número impar según un número impar.

En estas definiciones, *medido por* (μετρούμενος) tiene el significado de *ser múltiplo de*, por lo cual una definición como la 8 incluiría a cualquier número que tenga dos divisores pares como 16 o 24. Pitagóricos posteuclidianos (Nicómaco, Teón e Iámblico) criticaron esta definición como extraña al pensamiento pitagórico, en tanto las clasificaciones pitagóricas establecían clases excluyentes entre sí y las definiciones 8 y 9 anteriores no lo son. Un contraejemplo, provisto por el propio Iámblico, es 24 que es 6×4 (parmente par), pero también 8×3 (parmente impar). La definición euclidiana le produce al autor de los *Elementos* algunas dificultades con proposiciones posteriores como IX.33 y IX.34, las cuales son sorteadas por el sabio alejandrino manteniendo la consistencia con

1.4. LAS CLASIFICACIONES PITAGÓRICAS DEL NÚMERO

sus definiciones. Por esto una definición de *imparmente par* que aparece en algunas versiones de los *Elementos* es considerada como una interpolación efectuada por un conservador pitagórico, por lo demás, ignorante. Euclides nunca hace uso en su texto de esta definición.

Los pitagóricos posteuclidianos coincidieron entonces en un cambio de sentido de la definición 9 que la hiciera más acorde a la tradición. De esta manera, el término *parmente par* llegó a englobar aquellos números cuyas partes fueran pares, así como las partes de sus partes; esto solo es posible si el número es una potencia de dos, 2^n.[47] Por otro lado, *parmente impar* cambió su denominación a *par–impar* (ἀρτιοπέριττος) e incluía los números cuya mitad era un número impar, es decir números de la forma $2(2p-1)$. También incluyeron la categoría *impar–par* (περισσάρτιος) que contenía los números a los cuales se les podían extraer mitades consecutivas pero al final quedaba un número impar, esto es números de la forma $2^{n+1}(2p-1)$; esta categoría era para ellos intermedia a parmente impar y parmente par, pues algunas de sus partes pares son pares y otras impares, pero su parte impar es par. Finalmente, *imparmente impar* se refiere de hecho a cualquier número impar, incluidos los primos pues éstos son el producto de ellos mismos por 1. Teón añadió la extraña acotación de que *imparmente impar* es otra forma de referirse a un número primo distinto de 2. Podemos hacer un resumen con nuestra notación moderna:

Clase	Forma
Parmente par	2^n
Parmente impar	$2(2p-1)$
Imparmente par	$2^{n+1}(2p-1)$
Imparmente impar	$(2p-1)(2q-1)$ o primo (Teón)

CAPÍTULO 1. LA ARITMÉTICA ELEMENTAL DE LOS PITAGÓRICOS

Primos

Salvo quizás por la curiosa interpretación que *a posteriori* hiciera Teón, la clasificación anterior apuntaba a lo que hoy llamamos *número compuesto*, en oposición a *número primo*. Pero, evidentemente éstos últimos tenían que haber llamado la atención de los primeros pitagóricos en tanto quedaban sin clasificar. Parece que Timaridas introdujo el término *eutigrámicos* (εὐθυγραμμικός) o *rectilineales* para identificarlos. Luego veremos (sección 1.5) que los pitagóricos asignaban forma a los números y un número como 6 era rectangular, siendo sus dimensiones 2 y 3; esto no es posible con un número primo al cual solo puede asignársele una dimensión. Teón los llamó *eutimétricos* (εὐθυμετρικός) y también *lineales* (γραμμικός). Esta visión geométrica dominó la posteridad; por ejemplo Aristóteles afirma:[48]

> Tal es el caso de los números compuestos es decir, no los que consisten en una sola dimensión, sino aquellos respecto de los cuales la superficie y el sólido son copia.

Evidentemente, siendo que 2 no era siquiera un número menos podía pensarse en él como primo, por lo cual Nicómaco consideró que la clasificación *primo* era propia solo de los números impares. De hecho, Nicómaco justifica el término *primo* (πρῶτος) en tanto los números de esta clase solo pueden alcanzarse por acumulación de unidades y no *de números* (por ejemplo, el 12 es una acumulación de tres cuatros, $12 = 4+4+4$).[49] Como la unidad es el principio de los números, aquellos a los que solo se puede llegar por acumulación de unidades son los *primeros* o *primos*. Coincide así con Aristóteles:

> ... [la tríada (el 3) es] un número primo bajo dos conceptos; primero en cuanto no es divisible por ningún número, y segundo, en cuanto *no está formada de números*...[50]

Hubo divergencias posteriores respecto al papel del 2. Ya Aristóteles, se atreve a afirmar:[51]

> ... como la díada que es el único número primo entre los pares...

lo que se condice con la definición VII.11 de Euclides:[52]

> 12. Un número primo es el medido por la sola unidad.

1.4. LAS CLASIFICACIONES PITAGÓRICAS DEL NÚMERO

Pero los pitagóricos posteuclidianos insistieron en la idea original de dejar el 2 fuera de la clasificación. Teón critica la definición euclidiana, pero con argumentos que los historiadores consideran débiles. Nicómaco, por su parte, afirma que la *primalidad* no es una propiedad de los números en general, sino específicamente de los impares. Por lo demás, caracteriza a los primos como aquellos cuya única parte se deriva del nombre del propio número, esto es, 3 solo tiene tercera parte, 5 solo tiene quinta parte, etc.[53]

Se intentó una clasificación de los impares que mimetizara de alguna forma la clasificación de los pares vista en el aparte anterior. Procedía así:

(a) Los *primos e incompuestos* (πρῶτος καὶ ἀσύνθετος): todos los primos a excepción de 2, que no era primo por su propia naturaleza.

(b) Los *secundarios y compuestos* (δεύτερος καὶ σύνθετος): aquellos cuyos factores son primos impares.

(c) Se refiere a parejas de números secundarios y compuestos individualmente, pero primos e incompuestos entre sí, como 15 y 49; esto es un subconjunto de lo que hoy llamamos primos relativos.

Perfección y amistad numéricas

El término *perfecto* fue usado por los primeros pitagóricos para referirse al número 10 pues éste acumula el tetractys sagrado: $10 = 1 + 2 + 3 + 4$, que ya comentamos en la página 9. Posteriormente, este sentido cambiaría al que recoge Euclides en la definición VII.22:

> Número perfecto es el que es igual a sus propias partes

esto es, aquellos números que son iguales a la suma de sus divisores propios, como 6 $(= 1 + 2 + 3)$ o 28 $(= 1 + 2 + 4 + 7 + 14)$. Siguiendo un patrón similar al que Apolonio siguió para las cónicas, Teón y Nicómaco clasifican los números así:

(a) *Excesivos* (ὑπερτέλειος, hiperteleios): aquellos cuya suma de factores propios es mayor que el número, por ejemplo $18 < 1 + 2 + 3 + 6 + 9$.

(b) *Perfectos* (τέλειος, teleios): tal como los define Euclides.

CAPÍTULO 1. LA ARITMÉTICA ELEMENTAL DE LOS PITAGÓRICOS

(c) *Deficientes* (ἐλλιπής, élipes): aquellos cuya suma de factores propios es menor que el número, por ejemplo $15 > 1 + 3 + 5$.

> Reto 1.6

Es interesante el hecho de que Nicómaco hace de esta clasificación un criterio estético, al comparar los números excesivos y deficientes con animales a los que sobraran o faltaran miembros en su cuerpo. Boecio sigue, por supuesto, este criterio estético e, incluso, llega a comparar los números deficientes con la fealdad de los cíclopes.[54]

> Reto 1.7

Existe una manera de producir números perfectos; la provee Euclides en la proposición IX.36, que el sabio alejandrino redactó de la siguiente manera:[55]

> Si tantos números como se quiera a partir de una unidad se disponen en proporción duplicada hasta que su (suma) total resulte (un número) primo, y el total multiplicado por el último produce algún número, el producto será (un número) perfecto.

Este enunciado es recogido en la *Aritmética* de Nicómaco (así como también en la obra de Boecio) sin indicar la prueba.[56]

El lector que se aventuró a resolver el reto 1.7 reconocerá la proposición IX.36 en la parte (a) del mismo. Sería interesante que revisara la demostración de esta proposición en los *Elementos* y la comparara con la propia. Tendría oportunidad de ver todos los beneficios que una notación adecuada produce al avance de la matemática.

La parte (b), por otro lado, fue también destacada por Nicómaco en su libro de aritmética aunque, por supuesto, sin usar la notación moderna; lo que Nicómaco enunció es que todos los números perfectos terminan en 6 u 8. Dado que –al contrario de Euclides– Nicómaco no dio demostraciones de las proposiciones enunciadas en su libro, se piensa que llegó a esta conclusión porque los únicos números perfectos que conocía eran 6, 28, 496 y 8128, los cuatro primeros de la sucesión que da la fórmula del problema. Nuestro personaje actúa por inducción –refiriéndonos a esta palabra en su sentido experimental y no matemático– pero ya sabemos los riesgos que tal conducta conlleva: Nicómaco comete dos errores importantes en un mismo párrafo.[57]

En primer lugar, afirmó que había un solo número perfecto de una cifra, uno solo de dos cifras, uno solo de tres... *y así sucesivamente*; cosa que se deduce de la observación de los primeros cuatro números de la

1.5. LA FORMA DE LOS NÚMEROS

secuencia. Pero quizás no tuvo el tiempo o la paciencia necesarias para calcular el quinto número perfecto que es $2^{12}(2^{13} - 1) = 33\,550\,336$. El segundo error importante es decir que los números perfectos terminan en 6 y 8, *alternativamente*; si hubiera calculado el sexto número perfecto, habría conseguido la ruptura de la alternatividad, pues $2^{16}(2^{17} - 1) = 8\,589\,869\,056$.

Los números perfectos llamaron la atención de la posteridad. La correspondencia entre Fermat y Mersenne arrojó importantes resultados al respecto. Poca duda hay de que el pequeño teorema de Fermat debe ser un subproducto de este estudio; los números primos de la forma $2^n - 1$ se conocen como *primos de Mersenne*. Euler demostró que la recíproca de la proposición de Euclides es cierta, esto es, los números perfectos pares son todos de la forma $2^{n-1}(2^n - 1)$. Hasta ahora no se conocen perfectos impares pero sí algunas propiedades de ellos en caso de que existieran.

Iámblico atribuye a Pitágoras el descubrimiento de los números *amigos* o *amigables*. Estos son parejas de números tales que la suma de los divisores propios de cualquier miembro de la pareja es igual al otro número. El ejemplo típico es:

$$220 = 1+2+4+71+142, \qquad 284 = 2^2 \cdot 71$$
$$284 = 1+2+4+5+10+11+20+22+44+55+110, \qquad 220 = 2^2 \cdot 5 \cdot 11$$

pero no es difícil conseguir otros ejemplos aplicando un algoritmo de Fermat, ya conocido por Tabit ibn Qurra (836 a 901 d. C.); se trata de conseguir un número primo n tal que $p = 3 \cdot 2^{n-1} - 1$, $q = 3 \cdot 2^n - 1$ y $r = 9 \cdot 2^{2n-1} - 1$ sean primos, entonces $2^n pq$ y $2^n r$ son amigos. El ejemplo dado corresponde a $n = 2$.

1.5
La forma de los números

Cuadrados, oblongos y triangulares

Interrogándose acerca del modo en que los números se constituían en el ser de las cosas, Aristóteles reflexionaba:[58]

> ... del modo como Eurito establecía un número para cada cosa, por ejemplo, tal número para el hombre, y tal otro para el caballo, valiéndose de piedras para imitar las figuras de los seres vivos, así como hacen con el triángulo y el cuadrado los que reducen los números a figuras...

CAPÍTULO 1. LA ARITMÉTICA ELEMENTAL DE LOS PITAGÓRICOS

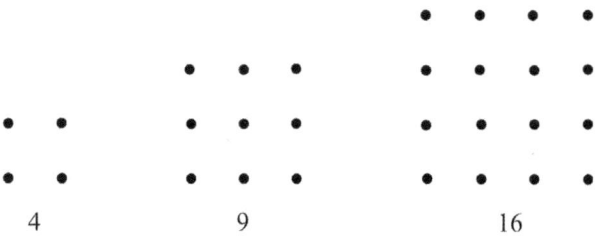

      4   9   16

Figura 1.4: Números cuadrados

La cita nos recuerda el comentario realizado en la página 10 respecto a que las observaciones astronómicas conducían a ligar la forma con el número, en tanto las constelaciones poseían ambos atributos. Para los pitagóricos a cada número podía asignársele alguna forma geométrica; todavía mantenemos rezagos de esta conducta cuando hablamos por ejemplo de *números cuadrados*, los cuales, al estilo pitagórico, podemos visualizar en la figura 1.4.

El cuadrado es una figura que forzosamente debía llamar la atención pitagórica por todas sus simetrías pues, a mayor simetría, mayor perfección. Pero el cuadrado está situado al lado de lo impar y de lo finito o limitado. Esto se refiere a *los principios de las cosas* que, según Aristóteles,[59] algunos pitagóricos –en ejercicio dialéctico– decían que eran diez pares de contrarios y los agrupaban en dos columnas paralelas, de esta manera:

Limitado	Ilimitado
Impar	Par
Uno	Múltiple
Derecho	Izquierdo
Macho	Hembra
Reposo	Movimiento
Recto	Curvo
Luz	Oscuridad
Bueno	Malo
Cuadrado	Oblongo

Observamos que opuesto a lo cuadrado (τετράγωνον) está lo oblongo (ἑτερόμηκες); existen diferentes interpretaciones de este término algunas de las cuales se orientan a lo rectangular no cuadrado, como puede conseguirse en Euclides. Pero, en términos numéricos, siguiendo la interpretación de los pitagóricos posteuclidianos,[60] oblongo es *lo más cercano* a cuadrado, esto es, números rectangulares tales que los lados del rectángulo difieren en una unidad: $2\cdot 3$, $3\cdot 4$, $4\cdot 5$, etc. (Ver Fig. 1.5)

1.5. LA FORMA DE LOS NÚMEROS

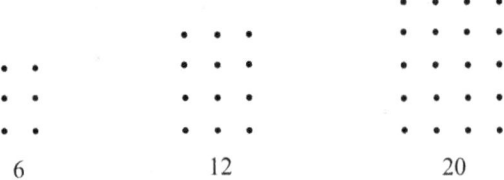

Figura 1.5: Números oblongos

Relacionados con estas formas están los números triangulares, aquellos que se generan a partir de la suma de enteros consecutivos: $1+2$, $1+2+3$, $1+2+3+4$, etc, que hemos representado en la figura 1.6. De los triángulos de nuestra figura, los pitagóricos destacaban el último, correspondiente al 10, que acumulaba el tetractys, símbolo del juramento pitagórico.

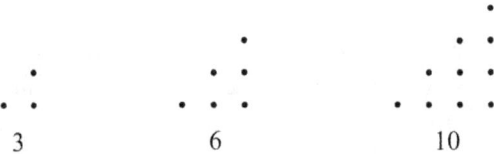

Figura 1.6: Números triangulares

El mundo de relaciones que se abre entre todos estos conceptos es de una amplitud sorprendente; ya lo veremos. Por lo pronto vale la pena decir que los triangulares y los cuadrados son apenas dos casos particulares de la *clasificación poligonal* de los números, pero para entender ésta totalmente debemos hacer mención a un término que, en este contexto, es fundamental: gnomon.

El gnomon (γνώμων)

Se considera a Anaximandro (610–546 a.C.) el verdadero descubridor del reloj de sol, aun cuando había importantes antecedentes sobre todo en Babilonia, territorio que este sabio visitó. La aguja de los relojes de sol, es decir la vara cuya sombra se proyecta sobre la superfice colocada en el el suelo se llamó *gnomon* (veamos la figura 1.7), por lo que la disciplina de los que se dedican a la construcción de estos artefactos aún hoy se llama *gnomónica*.

CAPÍTULO 1. LA ARITMÉTICA ELEMENTAL DE LOS PITAGÓRICOS

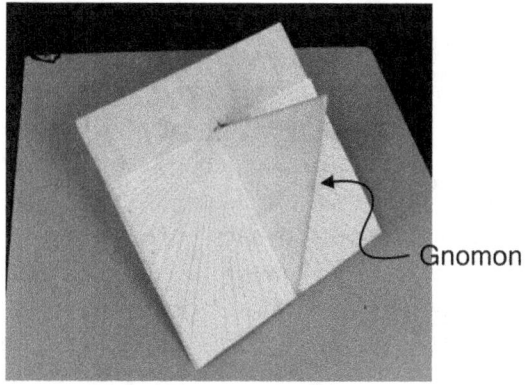

Figura 1.7: El gnomon de un reloj de sol es su aguja

Parece ser que Oenopides (490–420 a.C.) aplicó por extensión el término a la perpendicular a una recta por un punto externo a ella. A partir de esta extensión es posible que la palabra haya derivado hacia otro de los usos sustantivales que recibió: llegó a denominar las escuadras de los carpinteros, como la que vemos a la derecha.

De esta última acepción debe derivar la que interesa a nuestros propósitos. Se dio el nombre de gnomon a la figura resultante de extraer de un cuadrado otro cuadrado de menor tamaño, es decir la parte gris de la ilustración izquierda de la figura 1.8. La ilustración derecha de la misma figura muestra la generalización de Euclides al llevar ésta hasta cualquier paralelogramo. Años después, Herón de Alejandría (10–75 d.C.) generalizó aún más la idea al definir el gnomon como aquello que cuando se añade a algo (sea número o figura) mantiene el todo similar a la parte original. Es esta acepción heroniana la que se enlaza con los comentarios que ahora haremos.

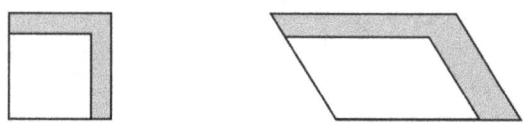

Figura 1.8: El gnomon visto geométricamente

1.5. LA FORMA DE LOS NÚMEROS

Números poligonales

Mantener el todo similar a la parte original debe significar para un número cuadrado otro número que, cuando se añada al primero el resultado sea de nuevo un cuadrado. Esto es –de acuerdo a la concepción de Herón– el gnomon de un número cuadrado. Comenzando desde 1, la figura 1.9 muestra que el gnomon necesario para obtener 4, el primer cuadrado, es 3; el siguiente cuadrado es 9 que se obtiene de 4 sumando el gnomon 5; luego, sumando a 9 el gnomon 7 se obtiene 16 el próximo cuadrado.

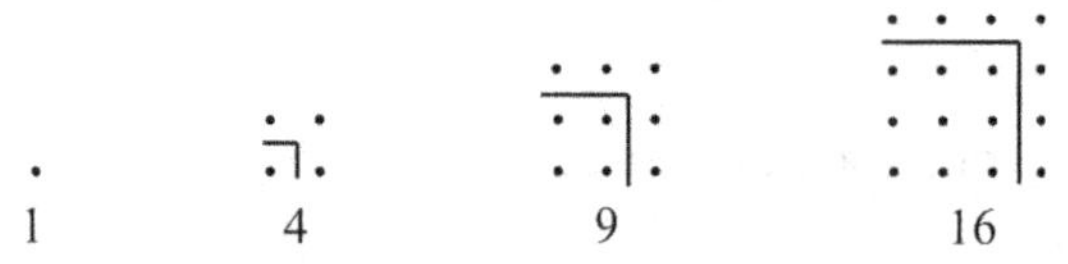

$$1 \qquad 4 \qquad 9 \qquad 16$$

Figura 1.9: El gnomon de un cuadrado es un número impar

Del análisis de estos resultados se infiere que el gnomon de un número cuadrado es un número impar; más aún, se deduce que todo cuadrado es la suma de impares consecutivos comenzando desde 1:

$$1 + 3 + 5 + \cdots + (2n-1) = n^2.$$

(Al margen. El lector podría leer en algún texto de historia de la matemática que los pitagóricos habían descubierto la fórmula anterior o, peor aún, que habían llegado a

$$\sum_{k=1}^{n}(2k-1) = n^2.$$

Expresada de esta manera, sin el contexto adecuado, tal afirmación resulta una verdad a medias, lo que, en ocasiones, podría ser peor que una mentira.)

De aquí, a separar el concepto de su forma original en busca de mayor amplitud de miras faltaba muy poco. El ejemplo de los cuadrados podía aplicarse a los triangulares y así el gnomon de cualquier número triangular era un segmento una unidad mayor que el último segmento; la figura 1.10 refleja esta idea.

Pero hay una interesante relación entre los números triangulares y los números oblongos que puede verse en la figura 1.11: el oblongo se obtiene como una superposición adecuada de dos triangulares iguales; así, todo número oblongo es el doble de un número triangular. Comenzando la lista

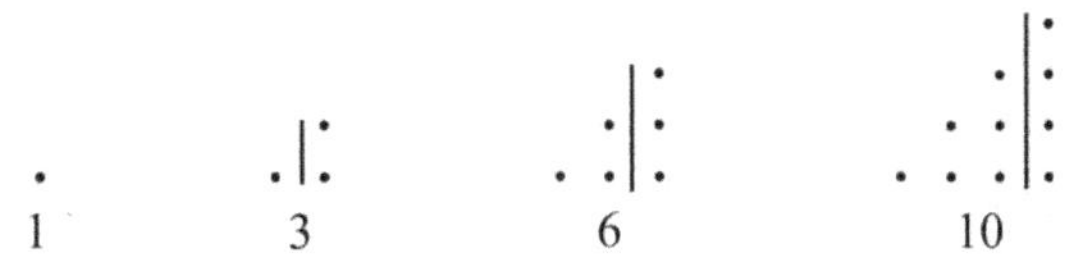

CAPÍTULO 1. LA ARITMÉTICA ELEMENTAL DE LOS PITAGÓRICOS

Figura 1.10: Los gnomones de los números triangulares

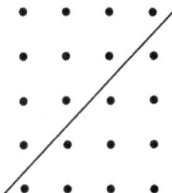

Figura 1.11: ¿Cómo determinar el n–ésimo número triangular?

de los oblongos en 2 (nuestra visión actual no nos impide verlo como $1 \cdot 2$), el n–ésimo oblongo es $n(n+1)$, por lo cual el correspondiente triangular será $\frac{1}{2}n(n+1)$, lo que, en nuestra moderna notación es la familiar fórmula:

$$1 + 2 + 3 + \cdots + n = \frac{1}{2}n(n+1).$$

Reto 1.9   Reto 1.10

Retornemos a los gnomones. Habíamos dicho que, en la tabla pitagórica de pares de contrarios provista por Aristóteles (página 23), el cuadrado estaba al lado de lo impar y de lo limitado. En parte, esto coincide con el hecho de que los gnomones de los cuadrados son los números impares; ahora bien, la figura 1.12 muestra que los gnomones de los oblongos son los números pares: partiendo de 2 (la díada, el principio de lo par) se obtiene 6 sumando el gnomon 4; sumando a 6 el gnomon 6 se obtiene 12, etc. En un obscuro pasaje de la *Física*, Aristóteles dice:[61]

> ... los pitagóricos dicen que el infinito es lo Par; porque lo Par, cuando es abarcado y delimitado por lo Impar, confiere a las cosas la infinitud. Un signo de esto, dicen, es lo que ocurre con los números, pues cuando los "gnómones" son puestos en torno al uno, y aparte, en un caso la figura que resulta es siempre diferente y en otro siempre la misma.

Se ha interpretado este pasaje en el sentido de que Aristóteles afirma que todos los cuadrados tienen forma única, mientras que cada oblongo

1.5. LA FORMA DE LOS NÚMEROS

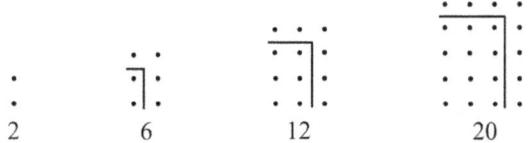

Figura 1.12: Los gnomones de los oblongos son los números pares

es distinto en forma de los otros;[62] es decir, la sucesión de oblongos es un infinito, mientras que la sucesión de cuadrados nos mantiene dentro de lo finito: lo impar conlleva lo finito, lo par lo infinito. Los griegos eran sensibles al tema del infinito, como tendremos oportunidad de ver en el capítulo 4.

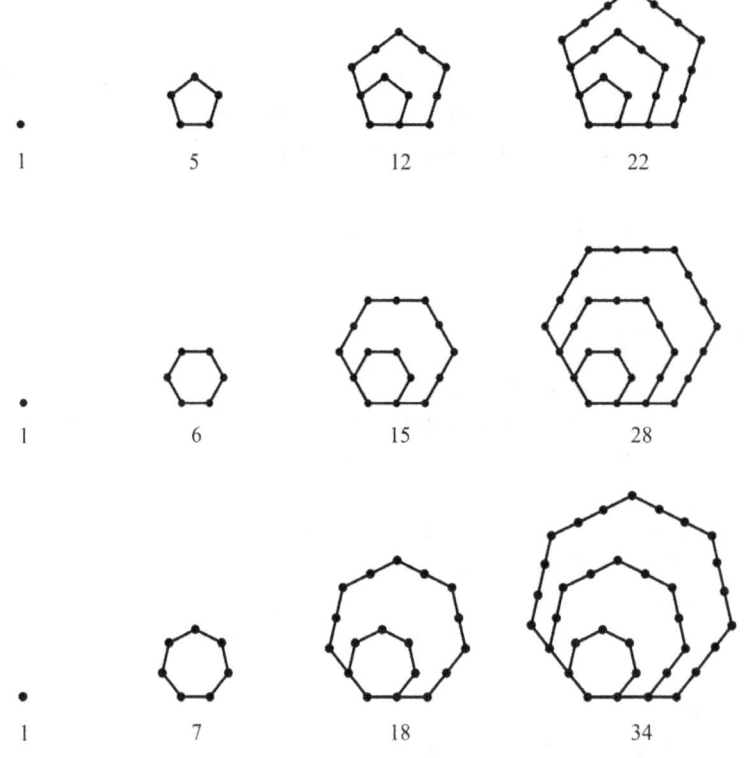

Figura 1.13: Números poligonales en general

Teón llevó el asunto a su punto de máxima generalidad al considerar gnomones capaces de generar polígonos de cualquier número de lados; de esta manera, como se ve en la figura 1.13 tenemos números pentagonales (5, 12, 22, etc.), hexagonales (6, 15, 28, etc.), heptagonales (7, 18, 34, etc.)

CAPÍTULO 1. LA ARITMÉTICA ELEMENTAL DE LOS PITAGÓRICOS

y así sucesivamente. El 1 acompaña a todas las sucesiones en tanto los gnomones de cualquier tipo se organizan alrededor de él como principio generador.

La progresión aritmética

El concepto de progresión aritmética surge de manera natural en el contexto de los gnomones generadores de polígonos regulares. De hecho, cada sucesión de gnomones es una progresión aritmética de primer término 1 y cuya razón es una unidad mayor que la inmediatamente anterior a ella. Esto se ve en la tabla de la figura 1.14, donde colocamos en la parte superior de cada entrada los números poligonales consecutivos y en la línea siguiente los gnomones:

Triangulares:	1		3		6		10
		1		2		3		4
Cuadrados:	1		4		9		16
		1		3		5		7
Pentagonales:	1		5		12		22
		1		4		7		10
Hexagonales:	1		6		15		28
		1		5		9		13
Heptagonales:	1		7		18		34
		1		6		11		16

Figura 1.14: Progresión aritmética en los números poligonales

La observación cuidadosa de la tabla arroja que los gnomones de los números poligonales de p lados siguen una progresión aritmética de primer término 1 y razón $p-2$.

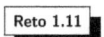

1.5. LA FORMA DE LOS NÚMEROS

Teoremas elementales de la teoría de números pitagórica

Estas figuras de puntos que usaban los pitagóricos para representar los números fueron lo suficientemente sugerentes como para producir a partir de ellas teoremas que, enmarcados en su contexto histórico, resultan nada triviales. Hemos visto de pasada algunos de ellos. Por ejemplo, en la página 27 conseguimos una figura que muestra, mediante el trazo de una diagonal adecuada, que *todo oblongo es la suma de dos triangulares iguales*; esto conduce a la fórmula

$$1 + 2 + \cdots + n = \frac{1}{2}n(n+1)$$

que permite conseguir el valor del n–ésimo número triangular. La misma fórmula pudiera deducirse de la secuencia de oblongos a partir de sus gnomones en la página 28, pues como los oblongos se obtienen como suma de pares resulta que

$$2 + 4 + 6 + \cdots + 2n = n(n+1);$$

que es la fórmula anterior multiplicada por 2.

Enlazado con el anterior está el hecho de que *todo cuadrado es la suma de dos triangulares consecutivos*; así lo vemos en la ilustración izquierda de la figura 1.15. Nuestra notación algebraica moderna traduce este teorema en

$$\frac{1}{2}n(n-1) + \frac{1}{2}n(n+1) = n^2.$$

Un tanto más complejo es el teorema al que nos lleva la ilustración

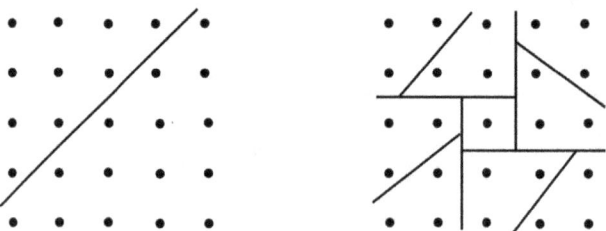

Figura 1.15: Teoremas pitagóricos

derecha de la misma figura. Tenemos un cuadrado en el que, mediante diagonales adecuadas hemos hecho aparecer ocho triangulares iguales; pero en el centro del cuadrado queda una unidad que no pertenece a ninguno de los triángulos descubiertos. Así, *la suma de ocho triangulares iguales más la unidad es un cuadrado*. Pero también se observa que como cada dos triangulares iguales producen un oblongo y disponemos tales oblongos transversales entre sí, entonces el lado del cuadrado tiene un número impar de puntos: $n + (n+1) = 2n+1$. Esto es

$$8\frac{1}{2}n(n+1) + 1 = (2n+1)^2.$$

1.6 Razón y proporción

Los experimentos musicales de Pitágoras arrojaban relaciones entre la longitud de la cuerda del monocordio y los sonidos obtenidos al hacerla vibrar. A medida que se disminuía el tamaño de la cuerda el sonido era más agudo; por ejemplo, si se excitaba la cuerda a la mitad de su longitud se producía una octava más aguda. De manera que para cubrir la octava había que pasar de una cuerda a otra de doble longitud: si la menor se consideraba de longitud 1, la mayor tendría longitud 2; se expresó esta idea diciendo que la octava se representaba por la *razón* 2 es a 1. El término griego para *razón* es λόγος (logos) y, posteriormenente, la oración "2 es a 1" se representó con el símbolo $2:1$. En este mismo orden de ideas, la quinta nota de la escala se obtenía a dos tercios de la longitud de la cuerda, por lo que se la representaba con la razón $3:2$ y la cuarta con la razón $4:3$.

La práctica de afinación producto de estas observaciones teóricas llevó a comparar entre sí las razones. Tal comparación se denominó *proporción* (ἀναλογία) y se expresaba verbalmente en la forma "A es a B como C es a D", lo que posteriormente se abreviaría con la notación $A:B :: C:D$. A los términos A y D se les denominó *extremos* de la proporción, mientras que B y C eran los *medios* de la proporción. La proporción general es a cuatro términos: dos extremos y dos medios; un problema interesante fue el estudio de las proporciones de tres términos; esto es, proporciones donde solo aparecen tres números distintos. El estudio de estas proporciones llevó al descubrimiento de las *medias*.

Según Arquitas,[63] ya en tiempos de Pitágoras se conocían tres tipos de media: la aritmética, la geométrica y la armónica, también llamada subcontraria. Así, si tenemos los números A, B, C con $A < B < C$, entonces B es

Media aritmética si su diferencia con A y C es la misma. En términos de proporciones esto se expresa como

$$(B-A):(C-B) :: A:A \quad \text{o} \quad (B-A):(C-B) :: C:C.$$

1.6. RAZÓN Y PROPORCIÓN

Media geométrica si es igual a los dos medios de la proporción donde A y C son extremos; esto es

$$A : B :: B : C.$$

Media armónica si sus diferencias con los otros números están en la misma razón en la que están dichos números; esto es

$$(B - A) : (C - B) :: A : C.$$

Reto 1.12

Iámblico –en su *Comentario a Nicómaco*– destaca una hermosa proporción, que involucra las medias aritméticas y armónica; ésta es

$$A : \frac{A+B}{2} :: \frac{2AB}{A+B} : B,$$

a la cual considera la *proporción más pefecta*. Se supone que esta proporción fue un descubrimiento de los babilónicos llevada a Grecia por Pitágoras.[64]

El pitagorismo posterior al maestro produjo otras ocho medias recogidas (con una ligera discrepancia) por Nicómaco y Pappus (290–350 d.C). Su autoría es confusa e incluso está asociada con alguna intriga intelectual.[65]

Reto 1.13

El tema de las razones va a estar relacionado con un tema de mucha mayor profundidad: el de los inconmensurables o irracionales (ἄλογος). Pero esta discusión quedará pospuesta hasta el capítulo 4.

Retos del capítulo 1

Reto 1.1 La siguiente es una lista alfabética de personajes históricos ligados –de una u otra manera– al pitagorismo: Aristóteles, Arquímedes, Arquitas, Boecio, Crisipo, Euclides, Eudemo, Eudoxo, Filolao, Gémino, Iámblico, Nicómaco, Pappus, Pitágoras, Platón, Plutarco, Porfirio, Proclo, Tales, Teeteto, Teón, Timaridas, Zenón. Organiza esta lista por orden cronológico.

Reto 1.2 Averigua el significado del término *interpolación* en el contexto de la historia de los *Elementos* de Euclides.

CAPÍTULO 1. LA ARITMÉTICA ELEMENTAL DE LOS PITAGÓRICOS

Reto 1.3 Las proposiciones IX.32 a IX.34 de Euclides rezan:[66]

32. Cada uno de los números duplicados (sucesivamente) a partir de una díada es solo parmente par.

33. Si un número tiene su mitad impar es solo parmente impar.

34. Si un número no es uno de los duplicados (sucesivamennte) a partir de una díada, ni tiene su mitad impar, es parmente par y parmente impar.

Interprétalas desde el punto de vista moderno. A partir de estas redacciones, ¿podría pensarse que Euclides tenía alguna intención de que su definición de parmente par fuera la que luego dieron Nicómaco, Iámblico y Teón?

Reto 1.4 ¿Cómo se interpreta la frase "la superficie y el sólido son copia", de la cita anterior a la llamada de este reto?

Reto 1.5 Se criticó a Euclides que su clasificación de los pares no estaba estructurada sobre partes excluyentes. Al respecto, ¿qué dirías de esta clasificación de los impares realizada por los pitagóricos posteuclidianos?

Reto 1.6 ¿Qué propiedad numérica de las cónicas produce la similaridad entre la clasificación de Apolonio y la clasificación numérica anterior?

Reto 1.7 Demuestra que

(a) Todo número de la forma $2^{n-1}(2^n - 1)$ con $2^n - 1$ primo, es un número perfecto.

(b) Si $2^n - 1$ es primo entonces $2^{n-1}(2^n - 1) \equiv 6$ u $8 \mod 10$.

Reto 1.8 Comprueba el algoritmo de Fermat. Consigue otras parejas de números amigos.

Reto 1.9 Se dice que en su niñez Gauss, fue compelido por un maestro a sumar todos los números consecutivos desde 121 a 720.[67] Para sorpresa del maestro, Gauss entregó el resultado en menos de cinco

1.6. RAZÓN Y PROPORCIÓN

minutos pues, lejos de hacer la suma término a término, razonó de la siguiente manera.

La suma se puede hacer desde el primer número hasta el último o viceversa:

$$\begin{array}{ccccccccccc}
121 & + & 122 & + & 123 & + & \cdots & + & 718 & + & 719 & + & 720 \\
720 & + & 719 & + & 718 & + & \cdots & + & 123 & + & 122 & + & 121 \\
\hline
841 & + & 841 & + & 841 & + & \cdots & + & 841 & + & 841 & + & 841
\end{array}$$

pero la suma de cada columna según la disposición de la propia tabla es constante, igual a 841 repetida 600 veces. Por tanto, la suma buscada es la mitad de $600 \cdot 841$, es decir $252\,300$.

Utiliza el razonamiento de Gauss para llegar a la fórmula

$$1 + 2 + 3 + \cdots + n = \frac{1}{2}n(n+1).$$

Reto 1.10 Otra forma de llegar a la fórmula de los números triangulares es usar el hecho de que

$$n^2 - (n-1)^2 = 2n - 1,$$

así, podemos escribir la siguiente cadena de igualdades:

$$\begin{aligned}
1^2 - 0^2 &= 2 \cdot 1 - 1 \\
2^2 - 1^2 &= 2 \cdot 2 - 1 \\
3^2 - 2^2 &= 2 \cdot 3 - 1 \\
&\vdots \\
n^2 - (n-1)^2 &= 2 \cdot n - 1
\end{aligned}$$

Si sumamos los lados izquierdos de la igualdades anteriores, por suma telescópica resulta n^2, pero la suma de los lados derechos es $2(1+2+3+\cdots+n) - n$. Igualando estos dos resultados se obtiene la fórmula buscada.

(a) Usando diferencia de cubos obtén la fórmula

$$1^2 + 2^2 + 3^2 + \cdots + n^2 = \frac{1}{6}n(n+1)(2n+1).$$

(b) Usando diferencia de potencias cuartas obtén la fórmula

$$1^3 + 2^3 + 3^3 + \cdots + n^3 = \frac{1}{4}n^2(n+1)^2.$$

(c) En el siglo XVIII, Jacob Bernoulli en su obra póstuma *Ars Conjectandi* muestra la fórmula general

$$\sum_{r=1}^{n} r^p = \frac{n^{p+1}}{p+1} + \frac{n^p}{2} + \sum_{k=2}^{p+1} \frac{b_k}{k}\binom{p}{k-1} n^{p-k+1},$$

en la que los b_k (llamados *números de Bernoulli*) satisfacen la relación de recurrencia

$$b_0 = 1, \qquad \sum_{k=0}^{n-1}\binom{n}{k} b_k = 0.$$

Usa la fórmula de Bernoulli para demostrar la fórmula de los números triángulares, la suma de cuadrados, la suma de cubos y la suma de cuartas potencias.

(La intención de este problema es mostrar hasta qué grados de profundidad puede llegar el análisis de un problema que, en principio, es sumamente sencillo. Los números de Bernouilli aparecen en variados contextos matemáticos.)

Reto 1.11 Recordamos que la suma de los primeros n términos de una progresión aritmética de primer término a y razón r es

$$\frac{1}{2}(n+1)(2a+nr).$$

Usando la fórmula anterior demuestra que el n–ésimo número poligonal de p lados es

$$\frac{1}{2}n[(p-2)n - (p-4)].$$

Reto 1.12 El concepto pitagórico de razón se convirtió con el correr del tiempo en el concepto de número racional, en tanto la razón $A:B$ pasó a ser el cociente $\dfrac{A}{B}$. Demuestra que las medias pitagóricas coinciden con las definiciones usuales actuales, esto es

Media aritmética: $B = \dfrac{A+B}{2}$.

Media geométrica: $B^2 = AC$

Media armónica: $\dfrac{2}{B} = \dfrac{1}{A} + \dfrac{1}{C}$

1.6. RAZÓN Y PROPORCIÓN

Reto 1.13 La siguiente es la lista de las ocho medias desarrolladas por la posteridad de la escuela pitagórica. A partir de la proporción que las define, demuestra la igualdad de la derecha

$(A-B):(B-C) :: C:A \qquad B = \dfrac{A^2 + C^2}{A+C}$

$(A-B):(B-C) :: C:B \qquad A = B + C - \dfrac{C^2}{B}$

$(A-B):(B-C) :: B:A \qquad C = A + B - \dfrac{A^2}{B}$

$(A-C):(B-C) :: A:C \qquad C^2 = 2AC - AB$

$(A-C):(A-B) :: A:C \qquad A^2 + C^2 = A(B+C)$

$(A-C):(B-C) :: B:C \qquad B^2 + C^2 = C(A+B)$

$(A-C):(A-B) :: B:C \qquad A = B + C$

$(A-C):(A-B) :: A:B \qquad A^2 = 2AB - BC$

NOTAS Y REFERENCIAS BIBLIOGRÁFICAS DEL CAPÍTULO 1

Notas y referencias bibliográficas del capítulo 1

[1] [Gut88, pp. 76–79]. El libro de Guthrie es una muy completa fuente de documentos pitagóricos antiguos, en el que se incluyen –entre otros muy importantes documentos– cuatro de las principales biografías del filósofo escritas por Iámblico, Porfirio y Diógenes Laercio, además de una anónima preservada por Photius. La nota introductoria del propio Guthrie es una hermosa descripción del pitagorismo y su influencia. A Diógenes Laercio lo usaremos con frecuencia; hay traducción al español de su obra: [DL02]. La biografía de Pitágoras está en el segundo volumen, en las páginas 101 a 116.

[2] [Hea81, Vol. 1, p. 66]

[3] [Her89, Libro IV, Caps. XCV–XCVI, pp. 363–364]

[4] De este Zamolxis, convertido ya en rey con aspiraciones divinas, da referencia Platón en su diálogo *Carmides o De la templanza* [Pla96, p. 79].

[5] [Pla96, p. 562]

[6] [Pla96, p. 605].

[7] La afirmación de Guthrie está en su comentario: [Gut88, p. 38]. Una contundente y muy bien documentada reseña de la influencia del pitagorismo sobre Platón, Aristóteles y todo el pensamiento occidental antiguo puede conseguirse en la excelente obra de Kahn, [Kah01].

[8] [Ari00, p. 130].

[9] [DL02, pp. 101–116] o [Gut88, pp. 141–156]

[10] [Gut88, pp. 123–135]

[11] [Gut88, pp. 57–122]

[12] [Pro70]

[13] [Pro70, p. 53]. Traducción de D. J. Por figuras cósmicas, Proclo se refiere a los cinco poliedros regulares o sólidos platónicos, que estudiaremos en la sección 3.6.

[14] *Elementos* de Euclides debe ser la obra más traducida de la historia, luego de la Biblia. Se usó como libro de texto hasta bien entrado el siglo XIX. Para escribir este libro, nos hemos apoyado en tres versiones: [Euc56] es la más famosa de las traducciones al inglés, enriquecida por los valiosos comentarios de Heath, que la hacen una obra de consulta imprescindible para todo aquel interesado en la historia de la matemática. En español disponemos de [Euc91], la muy buena traducción de María Luisa Puertas Castaño, la cual usaremos cuando debamos hacer transcripciones textuales. Tan recientemente como en 2007, Richard Fitzpatrick nos presentó [euc07], un trabajo bilingüe que contiene, a dos columnas, su propia traducción al inglés acompañada a la izquierda por el texto griego de los *Elementos*, tal como fue normalizado por el danés J. L. Heiberg.

[15] [Euc91, p. 189, vol. 1]

[16] [Euc91, Vol. 1, p. 197]

[17] [Euc91, Vol. 1, p. 199]

[18] Si el lector quisiera más detalles acerca de la tradición pitagórica y su desarrollo puede leer la sección correspondiente en [Gut88, pp. 37–43]. O tambien [Kah01],

NOTAS Y REFERENCIAS BIBLIOGRÁFICAS DEL CAPÍTULO 1

dedicado justamente al tema.

[19] [EE97]

[20] [Ari00, p. 125]

[21] [Ari00, p. 128–130]

[22] [Gut88, p. 72]

[23] [Gut88, p. 86]

[24] [Hea81, Vol. 1, p. 67]

[25] [Ari00, p. 131]

[26] Suele hacerse referencia a los sabios griegos de la antigüedad por la ciudad en la que nacieron o fueron ciudadanos. Así, como Pitágoras es de Samos, podríamos decir "el samio". Aristóteles nació en Estagira.

[27] Subrayado nuestro. D. J.

[28] [Ari00, p. 606]

[29] [Euc91, Vol. 2, pp. 111–112]

[30] [Euc56, Vol. 2, p. 279]

[31] [Ari00, p. 611]. Subrayado nuestro. D.J.

[32] [Ari00, p. 270]

[33] [Ari00, p. 585]

[34] [Euc56, Vol. 2, p. 280]

[35] [Ari00, pp. 280, 438, 363, 587, 448; resp.]

[36] [Ari08, p. 209]

[37] [RMH52, p. 814]. Este volumen es un raro ejemplar de colección, en manos del autor, de la enciclopedia *Great Books of the Western World*, editada por Robert Maynard Hutchins en 1952. Nuestro volumen contiene: la edición de Heath tanto de los *Elementos* de Euclides como de las *Obras de Arquímedes* (sin los comentarios); la edición de las *Cónicas* de Apolonio traducidas por R. Catesby Taliaferro y la edición de la *Introducción a la aritmética* de Nicómaco, traducida por Martin Luther D'Ooge. De las tres primeras obras podemos conseguir ediciones o reimpresiones modernas ([Euc56], [Arc02] y [AoP00]); la última es algo más difícil. Una reseña completa de esta importante obra de preservación de la cultura occidental puede leerse en Wikipedia: http://en.wikipedia.org/wiki/Great_Books_of_the_Western_World.

[38] [Ari00, p. 131]

[39] Ver la nota (37).

[40] Michael Masi realizó una traducción de esta obra al inglés, con una amplia nota introductoria de ocho capítulos. Se trata de [Boe83].

[41] Nicómaco: [RMH52, p. 814], Boecio: [Boe83, p.77] o también Heath: [Euc56, Vol. 2, p. 281] o [Hea81, Vol. 1, p. 70]

[42] Traducción de D. J.

[43] [RMH52, p. 814], [Boe83, pp. 77, 78]

[44] [Gut88, p. 168]. Traducción y subrayados de D. J.

NOTAS Y REFERENCIAS BIBLIOGRÁFICAS DEL CAPÍTULO 1

[45] [Ari00, p. 131]

[46] [Euc91, Vol. 2, pp. 114-115]

[47] Debería añadirse "distinta de la unidad", pero la potencia de exponente cero no parece haber cruzado el pensamiento griego.

[48] [Ari00, p. 281]

[49] [RMH52, p. 817] o [Boe83, p. 89]

[50] [Ari69, p. 287]. Subrayado nuestro.

[51] [Ari69, p. 441]

[52] [Euc56, Vol. II, p. 278] o [Euc91, Vol. 2, p. 116]. María Luisa Puertas Castaño la indica como definición 12 pues su definición 10 es aquella interpolada que comentamos en la página 18.

[53] [RMH52, p. 817] o [Boe83, p. 89].

[54] [RMH52, p. 820] y [Boe83, pp. 96-97].

[55] [Euc91, p. 237]

[56] [RMH52, p. 821], [Boe83, pp. 98-99].

[57] [RMH52, p. 821].

[58] [Ari00, p. 619]

[59] [Ari00, p. 131]

[60] [Euc56, Vol. 2, p. 289]

[61] [Ari08, p. 188]

[62] Se nos ocurre pensar que esto es una consideración de simetría.

[63] [Gut88, p. 185]

[64] Ver [Euc56, Vol. 2, p. 112] o [Hea81, Vol. 1, p. 86]. Leyendo al propio Nicómaco en [RMH52, p. 848] conseguimos interesantes referencias musicales asociadas a la proporción.

[65] Si el lector está interesado puede ver [Hea81, Vol. 1, pp. 86-87].

[66] [Euc91, Vol. 2, p. 234-235]

[67] En realidad no se sabe cuál fue el intervalo. Solo que se trataba de sumar una cantidad algo imbécil de números consecutivos. Una corta semblanza biográfica de Gauss puede leerse en [Jim01, pp. 168-176]. Para una semblanza algo más amplia y documentada se dispone de [JRNC68, Vol. 1, pp. 262-264], que es una traducción al español del artículo correspondiente en [Bel86, pp. 218-269]. Llama la atención la dureza con que Bell se refiere al maestro que propuso la absurda tarea, para poco después comentar que fue éste quien puso a Gauss en contacto con Martin Bartels, importante apoyo espiritual e intelectual del genio durante toda su vida. Bartels llegó a colaborar con Lobachevski, el descubridor ruso de la geometría no euclidiana.

Capítulo 2
La matemática pre–pitagórica

El aporte matemático de la Grecia clásica es de una profundidad tal que nos llena de admiración. Al igual que, en otros campos del saber, la matemática moderna se sostiene sobre los métodos y procedimientos que nos legaron los grandes maestros de la antigüedad griega. El pensamiento occidental es subsidiario del pensamiento griego a un punto tal que la escritora belga Marguerite Yourcenar llegó a afirmar que: "... todo lo que cada uno de nosotros puede intentar para perder a sus semejantes o para servirlos, ha sido hecho ya alguna vez por un griego." Algo de esto hemos visto en el capítulo anterior revisando la aritmética elemental de los pitagóricos. Sin embargo, nos quedan cimas más altas para recorrer, que podemos datar incluso en vida del propio Pitágoras. Ahora bien, pecaríamos de infantiles si pensamos que tales aportes al pensamiento son autogénicos y pasáramos por alto la ingente deuda intelectual que los griegos adquirieron de las culturas precedentes, entre ellas la babilónica y la egipcia. Algo hemos dicho, pero podemos dar una visita un tanto más inquisidora, aunque siempre insuficiente.

2.1
La matemática de Babilonia

Babilonia estaba localizada en la región de Mesopotamia, en lo que hoy es el territorio de Irak. Fue construida a ambos lados del río Éufrates y protegida de las crecidas de éste por altos terraplenes. De ella dice Herodoto en el primero de sus nueve libros: [1]

> Asiria tiene muchas y grandes ciudades, pero de todas ellas la más famosa y fuerte era Babilonia, donde existía la corte y los palacios reales después que Nínive fue destruida. Situada en una gran llanura viene a formar un cuadro cuyos lados tienen cada uno de frente ciento veinte estadios, de suerte que el ámbito de toda ella es de cuatrocientos ochenta... La ciudad esta dividida en dos partes por el río Éufrates, que pasa por medio de ella.

En la actualidad sus ruinas se encuentran en Irak, más de 100 Km al sur de Bagdad. Ha sido éste un tesoro de la humanidad que la guerra ha irrespetado poniéndonos en peligro de perder los valiosos testimonios históricos y culturales que en él se encuentran.

De la antigua Babilonia tenemos noticias por las tablillas de escritura cuneiforme que las excavaciones arqueológicas han sacado a la luz. El término *cuneiforme* significa "en forma de cuña", pues ésta era la forma de los caracteres que los sumerios grababan sobre tablas de arcilla, método que adoptaron los acadios, los babilonios y los asirios. Se ha encontrado una buena cantidad de estas tablillas cuneiformes, que cubren aproximadamente el período entre 2000 a 1000 a.C., y gracias al paciente trabajo de descifrado de algunos eruditos especialistas, hemos podido adquirir un buen grado de conocimiento de estas civilizaciones. En lo que respecta al aspecto matemático

2.1. LA MATEMÁTICA DE BABILONIA

quizás el aporte más importante es el del austríaco Otto Neugebauer (1899–1990), precursor en esta área.[2]

Las tablillas muestran que los babilonios poseían un sistema posicional de numeración de base 60, el mismo que hasta hoy usamos para medir el tiempo y las medidas angulares. Este sistema sexagesimal carecía de símbolo para el cero. Para escribir, por ejemplo, 53 015 lo escribían como 14, 43, 35, con lo cual querían significar $14 \times 60^2 + 43 \times 60 + 35$. Para realizar operaciones rutinarias construían tablas de operaciones como la multiplicación, elevación al cuadrado y cubo, extracción de la raíz cuadrada y cúbica, inversos, etc. Hay una gran cantidad de tablas operacionales, lo cual significa que las necesidades de cálculo estaban a la orden del día.

En el Museo de Berlín se encontró una tabla de valores de $n^3 + n^2$ que hizo conjeturar a Neugebauer acerca de la capacidad de los babilonios para resolver ecuaciones de tercer grado en su forma normal $z^3 + z^2 = a$. En todo caso, podían resolver con bastante eficiencia algunas ecuaciones exponenciales, las que aplicaban a problemas prácticos de interés compuesto.

Algunas tablillas (cercanas al 2000 a.C.) parecen acusar el hecho sorprendente de que los babilonios conocían la fórmula de la ecuación de segundo grado y, lo que es más, podían manejar ambas raíces si eran positivas. En una tablilla del Museo de Berlín se plantea un problema geométrico que lleva a una ecuación del tipo

$$x^2 - sx + c = 0,$$

cuyas dos soluciones positivas

$$\frac{s}{2} \pm \sqrt{\left(\frac{s}{2}\right)^2 - c}$$

representaban un par de dimensiones buscadas.

Estos problemas contenían situaciones asociadas con casos prácticos, pero también algunos se planteaban, al parecer, en abstracto. Por ejemplo, otra tablilla berlinesa propone resolver un sistema de la forma

$$\begin{cases} x - \dfrac{a}{b}(x+y) = c \\ xy = 1 \end{cases}$$

para lo cual se propone el cambio de variable

$$X = (b-a)x, \qquad Y = ay,$$

que conduce a las ecuaciones cuadráticas

$$Z^2 \mp bcZ - a(b-a) = 0,$$

cuyas soluciones positivas son

$$X, Y = \frac{1}{2}\left(\sqrt{b^2c^2 + 4a(b-a)} \pm bc\right).$$

Algunas tablillas contienen problemas en serie del tipo

$$\begin{cases} xy = 600 \\ (ax+by)^2 + cx^2 + dy^2 = K \end{cases}$$

en los que se dan los coeficientes del polinomio cuadrático, algunos de los cuales pueden ser nulos. En los problemas planteados (55 en total) la solución produce una ecuación bicuadrática, pero el proponente no da indicios de su procedimiento de solución. Todos, sin embargo, tienen la solución $x = 30$, $y = 20$.

Reto 2.1

Aunque posiblemente menos espectacular, en geometría también había un importante avance. Desarrollaron fórmulas para el cálculo de áreas de figuras planas y volúmenes de sólidos. Estas fórmulas venían en formas de reglas de operación; con preferencia usaban los ángulos rectos. Entre estas fórmulas tenían el área de un rectángulo y la de un triángulo rectángulo como el semiproducto de los catetos; para el área de un círculo tomaban el valor $\pi = 3$ lo que, de manera natural, los condujo a calcular dicha área como un doceavo del cuadrado de la longitud de la circunferencia.

Sabían que el ángulo inscrito en una semicircunferencia es un ángulo recto, descubrimiento que se atribuye a Tales. Conocían también que la perpendicular a la base de un triángulo isósceles biseca la base.

En cuanto a volúmenes, calculaban correctamente el de un paralelepípedo rectangular, el de un prisma recto con base trapezoidal y el de un cilindro circular recto. En el primer caso multiplicaban las tres dimensiones, mientras que en los dos últimos multiplicaban el área de la base por la altura. Neugebauer conjeturó que conocían el volumen de una pirámide truncada de base cuadrada, es decir

$$V = h\left[\left(\frac{a_1+a_2}{2}\right)^2 + \frac{1}{3}\left(\frac{a_1-a_2}{2}\right)^2\right],$$

2.2. LA MATEMÁTICA EGIPCIA

pero no hay acuerdo entre los eruditos respecto al segundo término de la suma.

Existen importantes evidencias de que conocían el teorema de Pitágoras, pero pospondremos la discusión de este punto hasta el capítulo 3.

2.2
La matemática egipcia

La escritura jeroglífica (del griego ιερός, *sagrado* y γλύφω, *tallar, cincelar*) fue inventada por los antiguos egipcios; era un tipo de escritura que mezclaba lo ideográfico (es decir, las representaciones gráficas de figuras) con lo fonético (es decir, símbolos que representan sonidos como las letras). A Thomas Young y Jean-François Champollion les debemos el descifrado de este complejo sistema de símbolos por su trabajo sobre una pieza arqueológica que se conoció con el nombre de *Piedra de Rosetta*. La escritura hierática era una forma jeroglífica de estructura bastante más sencilla que se utilizaba para documentos privados o administrativos. El soporte de esta escritura era fundamentalmente el *papiro*, obtenido del tallo de la planta del mismo nombre, la cual crece a orillas del Nilo.

De la colección de papiros que nos dan información acerca de la sociedad egipcia cuatro arrojan luz sobre su matemática; estos son: el Golenischev, el Rhind, el Rollin y el Harris. De estos cuatro los historiadores han centrado la atención en los dos primeros y, muy particularmente, en el segundo. Nosotros comenzaremos por este último.

El papiro Rhind

Los nombres asignados a estos papiros provienen de los nombres de sus dueños originales. El que describiremos brevemente ahora perteneció a Henry Rhind,[3] anticuario escocés radicado en Egipto. Después de su muerte, acaecida en 1863, el documento fue adquirido por el Museo Británico. Estaba incompleto, algunos fragmentos se encontraban perdidos, pero años después aparecieron en la Sociedad Histórica de Nueva York provistos por un

coleccionista de nombre Edwin Smith. De allí fueron trasladados al Museo Británico.

Al papiro Rhind también se le llama papiro Ahmés, derivado esto del nombre del escriba que lo compuso, según propia confesión, copiándolo de un documento anterior. Escrito en hierático, es un rollo que data de aproximadamente 1700 años antes de Cristo, sus dimensiones son $5,5$ m de largo por 33 cm de ancho. Está separado en dos partes que se conocen con los nombres de *Recto* y *Verso*. Consiste en una colección de 85 problemas que abarcan temas como uso de fracciones, resolución de ecuaciones, progresiones, áreas y volúmenes. Los problemas indican la solución y la manera de verificar que ésta es correcta mas no señalan la forma en la que se llegó a la solución propuesta.

En el papiro se apela a tablas para apoyar cálculos posteriores. La primera tabla da la división de 2 por todos los números impares en el rango de 3 a 101; tales divisiones se presentan en la forma de suma de fracciones que –excepto en los particularísimos casos 2/3 y 3/4– todas tienen numerador 1, las cuales ahora conocemos como *fracciones egipcias*.[4] No usaban símbolo para la adición, por lo cual simplemente escribían los símbolos de estas fracciones una al lado de la otra. Por ejemplo,[5]

$$\frac{2}{5} \quad \text{era} \quad \frac{1}{3} \ \frac{1}{15}$$

$$\frac{2}{7} \quad \text{era} \quad \frac{1}{4} \ \frac{1}{28}$$

$$\frac{2}{9} \quad \text{era} \quad \frac{1}{5} \ \frac{1}{45}$$

Reto 2.2

Extraño como pueda parecer, procuraban el uso de la fracción 2/3 incluso en casos que hoy vemos como inconvenientes; por ejemplo preferían

$$\frac{7}{10} = \frac{2}{3} + \frac{1}{30}$$

a

$$\frac{7}{10} = \frac{1}{2} + \frac{1}{5}.$$

La multiplicación y la división la realizaban los egipcios por adiciones y sustracciones sucesivas respectivamente. El procedimiento de

2.2. LA MATEMÁTICA EGIPCIA

multiplicación responde a un esquema binario.[6] Digamos que quisieran multiplicar 45 por 69: en una columna a la derecha colocaban el 1 y a la izquierda a 69 y procedían a doblar los números de cada columna hasta que en la izquierda se tuvieran los que hacen falta para sumar 45 $(1 + 4 + 8 + 32)$, se escogen éstos y en la columna de la derecha se suman sus acompañantes, el resultado de esta suma, 3105, es el producto buscado:

1	69	•
2	138	
4	276	•
8	552	•
16	1104	
32	2208	•
	3105	

Reto 2.3

Los primeros seis problemas del papiro se refieren a división de cierta cantidad de hogazas de pan entre 10 hombres. Las cantidades de pan propuestas son 1, 2, 6, 7, 8 y 9. Todos llevan el mismo esquema de planteamiento en su solución: el escriba da el resultado y luego demuestra su veracidad. El tercer problema (división de 6 hogazas de pan entre 10 hombres) se plantea así:

Procede de esta manera: multiplica $\frac{1}{2} + \frac{1}{10}$ por 10. Hazlo así:

1	$\frac{1}{2} + \frac{1}{10}$	
2	$1 + \frac{1}{5}$	•
4	$2 + \frac{1}{3} + \frac{1}{15}$	
8	$4 + \frac{2}{3} + \frac{1}{10} + \frac{1}{30}$	•

Total panes: 6; como se esperaba

Cada fila de este esquema da la multlicación por 2 de la fila inmediatamente anterior a ella. Obsérvese que colocamos dos marcas al final de las filas de 2 y 8, los números que suman 10. El escriba mostraba que la suma de las fracciones que aparecían en esas filas destacadas

$$1 + \frac{1}{5} + 4 + \frac{2}{3} + \frac{1}{10} + \frac{1}{30}$$

CAPÍTULO 2. LA MATEMÁTICA PRE-PITAGÓRICA

da la cantidad de hogazas de pan deseadas. Cada multiplicación sucesiva por 2 se realizaba consultando la tabla que aparece al principio del papiro, es decir, la tabla de $2/(2n-1)$.

Las distintas hipótesis que intentan explicar la forma en la que los egipcios podían resolver estos problemas y otros aún más complicados no están entre los objetivos que este libro se propone tratar; sin embargo, el lector curioso podría revisar a Newman y a Swetz.[7]

Hay poca geometría en el papiro Rhind, pero no deja de ser sorprendente. Se calculan áreas y volúmenes: triángulos, trapezoides, rectángulos, círculos, cilindros y prismas. El problema 51 propone calcular el área de un triángulo dadas la base y la altura, que el escriba llama lado. Algunos expertos opinan que, dado que se trata de un triángulo isósceles de buena altura y base pequeña, la aproximación que cambia el lado por la altura tiene cierta validez.

Los problemas 48 y 50 tienen que ver con el área del círculo. Para esta área se propone la fórmula $(8/9\,d)^2$, lo que significa la aproximación $3,16$ para π.

El papiro de Moscú

El papiro de Moscú fue comprado en 1893 por un egiptólogo de nombre Golesnichev, quien lo entregó al Museo de Bellas Artes de Moscú en el año de 1912. Al igual que el papiro Rhind está escrito –más o menos 1890 años antes de Cristo– en hierático, pero con un estilo menos cuidadoso. Consta de 25 problemas, algunos de los cuales tienen un texto tan dañado que hace su interpretación imposible. Se destacan dos de estos problemas: el 10 y el 14. El primero, del grupo de los textos altamente dañados, parece ser el cálculo de un hemisferio, lo que sería un adelanto de más de mil años a los primeros intentos de los griegos en ese sentido. Otros especialistas son menos entusiastas y creen que solo se trata del cálculo del volumen de un cilindro circular, problema relativamente más fácil que el anterior.

El problema 14, mostrado a la izquierda, propone las dimensiones de la figura que en él se ve. En principio pareciera que se trata de un trapecio pero la misma resolución muestra que en realidad se refiere a una pirámide truncada de base cuadrada, con altura 6 y lados de base iguales a 2 y 4. Las instrucciones para resolver este problema son:

(a) Eleva 2 al cuadrado

2.3. EL APORTE DE TALES

(b) Eleva 4 al cuadrado

(c) Multiplica 2 por 4

(d) Suma lo anterior

(e) Multiplica esto por 1/3 de 6

luego de las cuales el autor del papiro exclama "¡Ves, es 56; lo has hecho bien!". La resolución de este problema demuestra que los egipcios conocían la fórmula

$$V = \frac{h}{3}(a^2 + ab + b^2)$$

para calcular el volumen de una pirámide truncada de base cuadrada.

Reto 2.4

Si resuelves este último reto, lector, podrás imaginar algunas de las dificultades que debieron haber tenido los antiguos egipcios para llegar a fórmulas de este tipo.[8]

Reto 2.5

2.3
El aporte de Tales

En la tradición griega se destaca a siete grandes pensadores que, con un sentido muy práctico, podían dar a sus conciudadanos máximas cuya aplicación u obediencia les garantizaría buenos resultados en la consecución de sus metas de vida. Si no fuera por el hecho de que estos tempranos filósofos mostraban en su propia vida un importante desapego de lo monetario, podríamos decir que son los antecedentes de la moderna literatura de autoayuda. En su tiempo se les conoció como los *siete sabios* de Grecia y cada uno de ellos hizo famosa una máxima particular. *La moderación es lo mejor, Nada en exceso, No desees lo imposible, La mayoría de los hombres son malos, Aprende a escoger la oportunidad, Sé previsor con todas las cosas, Conócete a ti mismo* pertenecen respectivamente a Cleóbulo de Lindos, Solón de Atenas, Quilón de Esparta, Bías de Pirene, Pitaco de Mitilene, Periandro de Corinto y Tales de Mileto. De estos siete, los seis primeros destacaron por sus habilidades políticas; el último, por sus aportes a la matemática y la astronomía.

Diógenes Laercio, (aprox. 180 d.C.) apoyado en Herodoto y Platón, refiere que son Examio y Cleobulina, de origen fenicio noble, los padres de Tales.[9] Desconoce si nació en Mileto o fue hecho ciudadano milesio

CAPÍTULO 2. LA MATEMÁTICA PRE-PITAGÓRICA

luego de llegar allí acompañado de Neleo. Según este mismo historiador fue el primero en ingresar al selecto club de los *siete sabios* y reconoce en él importantes aportes matemáticos, astronómicos y físicos.

Proclo, quien escribe posteriormente a Diógenes Laercio, aunque no cita su obra, coincide con él en algunos de estos aportes, pero sobre todo es importante la siguiente declaración:[10]

> Tales, quien viajó a Egipto, fue el primero en introducir esta ciencia [la geometría] en Grecia. Él mismo descubrió bastantes cosas y enseñó sus principios a muchos de sus sucesores, enfocando unos problemas de manera general y otros de forma empírica.

De manera que esta afirmación de Proclo nos conduce a la conclusión de que fue Tales el primero de los filósofos griegos que tuvo una visión de la geometría como una ciencia deductiva, aún cuando persistieran en él rezagos de sus aspectos prácticos, derivados del contacto con los egipcios. Se atribuye a Tales la medición de la altura de las pirámides egipcias. Al respecto, Diógenes Laercio afirma:[11]

> Jerónimo dice que midió las pirámides por medio de la sombra, proporcionándola con la nuestra cuando es igual al cuerpo.

es decir, cuando el ángulo de inclinación de los rayos del sol es de 45°, por lo cual la longitud de la sombra de la pirámide tenía que ser igual a la altura de la misma. Existen dudas de que esto pudiera significar necesariamente que dispusiera de conocimientos relativos a triángulos semejantes.

A Tales se le atribuyen los siguientes teoremas:

(i) Un diámetro divide al círculo en dos partes iguales.

(ii) Los ángulos en la base de un triángulo isósceles son semejantes (quiere decir: iguales).

(iii) Un triángulo inscrito en un semicírculo es rectángulo y el diámetro es su hipotenusa.

(iv) Los ángulos opuestos por el vértice son iguales.

(v) Si dos triángulos tienen dos pares de ángulos iguales y un par de lados iguales (no importa cuál lado) entonces los triángulos son iguales entre sí.

2.3. EL APORTE DE TALES

La primacía de Tales respecto a la división del círculo en dos partes iguales por un diámetro la refiere Proclo,[12] como comentario a la definición I.17 de Euclides en la cual, luego de definirse el diámetro como la recta que pasa por el centro con sus extremos en la circunferencia, se aclara, como de pasada, que tal recta separa el círculo en dos partes iguales. Para Proclo la causa de tal efecto es la ruta que sigue la recta de un punto de la circunferencia al centro y de aquí al otro punto de la circunferencia *sin desviar su camino*; es decir, no se trata de otra cosa distinta a la simetría de las figuras. Sin embargo, Proclo es lo suficientemente lúcido para saber que tal afirmación está lejos de ser una demostración, y a continuación ofrece la siguiente:[13]

> ... imagina que trazas el diámetro y una parte del círculo se coloca sobre la otra. Si esta parte no es igual a la otra, quedará algo adentro o fuera de la otra; en cualquier caso sucederá que una línea menor será igual a una mayor. Porque todas las líneas trazadas del centro a la circunferencia son iguales, en consecuencia la línea que quedó por fuera será igual a la línea que quedó dentro, lo cual es imposible. Una parte, entonces, coincide con la otra, por lo cual son iguales. En razón de lo cual el diámetro bisecta el círculo.

Esta es una demostración cinemática, por movimiento de figuras, procedimiento que es extraño a Euclides razón por la cual incluyó el hecho dentro de la propia definición. Algunos autores suponen que la prueba de Proclo es la misma de Tales.

Respecto a la igualdad de los ángulos en la base de los triángulos isósceles también Proclo adjudica primacía a Tales,[14] pero añade una observación acerca del uso de lenguaje arcaico al frasear "ángulos semejantes" en vez de "ángulos iguales". Ahora bien, Heath hace notar la presunción de que "semejante" sugiere indicación de figura, mientras que "igual" sugiere indicación de magnitud.[15] ¿Podía tener Tales la idea de que los ángulos eran medibles? Diógenes Laercio, sustentándose en Aristójenes, afirma que fue Pitágoras quien introdujo medidas y pesos en Grecia.[16] Aún así, no siempre los autores eran consistentes en el uso de los términos; Euclides mismo, al principio del primer libro de los *Elementos*, usa "igual" como sinónimo de lo que hoy llamamos "congruente" pero luego, en el mismo libro, lo usa para referirse a figuras con la misma área y formas distintas.

Más allá de esto, para Proclo lo interesante es que este teorema es, en realidad, un caso particular de un teorema de Gémino (10–60 d.C.) que tiene que ver con curvas *homeoméricas* (ὁμοιομερεῖς), tipo de curvas definidas por el propio Gémino en una de sus clasificaciones. Heath vierte la

CAPÍTULO 2. LA MATEMÁTICA PRE–PITAGÓRICA

definición diciendo que las homeoméricas son líneas semejantes en todas sus partes y se tiene como ejemplos de ellas la recta, la circunferencia y la espiral.[17] Gémino muestra que dos líneas rectas iguales cayendo desde un mismo punto sobre una recta, una circunferencia o una espiral forman ángulos iguales en la base. Luego usa este teorema para mostrar que las únicas líneas homeoméricas son precisamente estas tres. Proclo celebra este resultado como la patentización de un universal genuino tal como lo exige Aristóteles en sus *Segundos analíticos*.[18]

La fuente para la adjudicación a Tales del teorema del triángulo rectángulo inscrito en el semicírculo es Diógenes Laercio quien afirma:[19]

> Pánfila escribe que habiendo aprendido [Tales] de los egipcios la Geometría, inventó el triángulo rectángulo en un semicírculo, y que sacrificó un buey por el hallazgo. Otros, lo atribuyen a Pitágoras, uno de los cuales es Apolodoro logístico. También promovió mucho de lo que dice Calímaco en sus *Yambos* haber hallado Euforbo Frigio, a saber, el triángulo escaleno, y otras cosas concernientes a la especulación de las líneas.

Pánfila vivió en la época de Nerón (54–68 d.C.), por lo que está bastante alejado temporalmente de Tales. Por otra parte, el mismo texto establece un conflicto con la opinión de Apolodoro, el calculista. En varios contextos se dice que Pitágoras hizo un sacrificio por el descubrimiento del teorema que lleva su nombre, algunos dicen que sacrificó un buey, otros que sacrificó cien.[20] El mismo Diógenes Laercio escribe señalando a Pitágoras:[21]

> Apolodoro el Computista refiere que sacrificó una hecatombe habiendo hallado que en un triángulo rectángulo la potestad de la línea hipotenusa es igual a la potestad de las dos que lo componen.

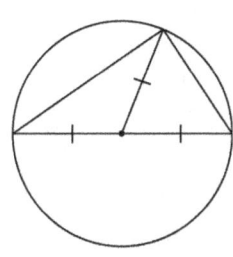

Otros comentaristas dicen que el sacrificio, cualquiera hubiera sido, se debió al descubrimiento de los irracionales por parte de Pitágoras o de su escuela. En consecuencia, no pueden leerse estas anécdotas negando a la lectura la carga de leyenda que acumuló sobre ellas el inmenso prestigio adquirido por estos hombres en su tiempo. Cosa distinta es tratar de analizar las consecuencias que debieron derivarse del hecho de poseer estos conocimientos. A este respecto Heath menciona la crítica de Allman en el sentido de que conocer el carácter de rectángulo de un triángulo inscrito en el semicírculo implicaba conocer que la suma de los ángulos internos de tal triangulo era

2.3. EL APORTE DE TALES

igual a dos rectos.[22] La figura a la izquierda da las pistas de cómo llegar a esa conclusión: las marcas sobre los segmentos indican la congruencia de los mismos (son todos radios del mismo círculo); recordemos además que en un triángulo isósceles los ángulos en la base son iguales.

| Reto 2.6 |

Pero conocer la suma de los ángulos internos de un triángulo rectángulo es conocer tal suma en un triángulo cualquiera, puesto que siempre se puede descomponer un triángulo en dos triángulos rectángulos tal como muestra la figura a la derecha.

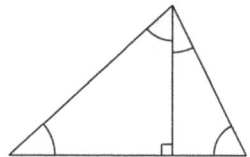

| Reto 2.7 |

En los *Elementos* la proposición I.32 cuantifica a dos rectos la suma de los ángulos internos de cualquier triángulo, mientras que la proposición III.31 muestra que el triángulo inscrito en el semicírculo es recto. Para demostrar III.31 se hace uso de I.32, de manera que Euclides sigue el camino:

los ángulos internos de un triángulo suman dos rectos

implica

el triángulo inscrito en un semicírculo es rectángulo.

No sabemos cuál fue la ruta que pudo haber seguido Tales, si ésta u otra distinta. El análisis se complica un poco pues Proclo afirma que Eudemo (350–290 a.C.) atribuyó a los pitagóricos el teorema de los ángulos internos de un triángulo, lo que significaría que tal resultado es algo posterior al sabio milesio. Gémino dice que "los antiguos geómetras" demostraron que la suma de los ángulos internos de un triángulo montan a dos rectos en cada caso particular: equilátero, isósceles y escaleno;[23] pero que fueron los "geómetras posteriores" quienes demostraron el teorema de una manera general. En este contexto "antiguos geómetras" puede aludir a Tales y "geómetras posteriores" a los pitagóricos. En todo caso, Gémino rechaza lo casuístico como una forma de demostración general, en lo cual parece seguir a Aristóteles.[24]

Una última posibilidad (que pudiera estar sugerida por la redacción del propio Diógenes Laercio) es que Tales haya conseguido para todo rectángulo el círculo circunscrito.

La constatación de la igualdad de los ángulos opuestos por el vértice la atribuye Eudemo a Tales. La fuente de esta atribución es de nuevo Proclo,[25] sin embargo se admite que no hubo demostración por parte de

CAPÍTULO 2. LA MATEMÁTICA PRE-PITAGÓRICA

Tales sino solo la enunciación del hecho, habiendo que esperar a Euclides para obtener la demostración rigurosa. Para Proclo la necesidad de la conclusión de este teorema proviene de dos hechos: (a) la homeomería de la recta y (b) que ésta está extendida al máximo.

Reto 2.8

Otra vez Proclo se basa en Eudemo para asignar a Tales la paternidad del teorema de congruencia de triángulos suponiendo congruencia de dos ángulos y un lado.[26] Sin embargo, Proclo admite que el asunto no se entendió claramente hasta Porfirio (233–309 d.C.). Eudemo, según Proclo, hace ver que el teorema corresponde al método de Tales para calcular la distancia de los barcos a la costa. El comentario no se completa de ninguna manera, lo que deja en calidad de incógnita cuál podría ser el método al cual se alude. Heath tiene interesantes conjeturas al respecto.[27]

Retos del capítulo 2

Reto 2.1 Los primeros siete problemas de la serie anterior a la llamada de este reto corresponden a los casos:

1. $a = 3$, $b = 0$, $c = 0$, $d = 1$, $K = 8500$
2. $a = 3$, $b = 0$, $c = 0$, $d = 2$, $K = 8900$
3. $a = 3$, $b = 0$, $c = 0$, $d = -1$, $K = 7700$
4. $a = 3$, $b = 2$, $c = 1$, $d = 0$, $K = 17800$
5. $a = 3$, $b = 2$, $c = 2$, $d = 0$, $K = 18700$
6. $a = 3$, $b = 2$, $c = -1$, $d = 0$, $K = 16000$
7. $a = 3$, $b = 2$, $c = -2$, $d = 0$, $K = 15100$

Resuelve algunos de ellos.

Reto 2.2 Demuestra que toda fracción de numerador 2 y denominador impar se puede escribir como suma de exactamente dos fracciones egipcias. Escribe la fracción $3/7$ como suma de fracciones egipcias.

Reto 2.3 Justifica el procedimiento de multiplicación egipcia previo a la llamada de este reto.

NOTAS Y REFERENCIAS BIBLIOGRÁFICAS DEL CAPÍTULO 2

Reto 2.4 Sabiendo que el volumen de una pirámide de base cuadrada de altura h y lado de base a es igual a $V = \frac{1}{3}a^2h$, demuestra la fórmula del volumen de la pirámide truncada:

$$V = \frac{h}{3}(a^2 + ab + b^2)$$

en donde h es la altura de la pirámide trunca y a, b son los lados de los cuadrados base.

Reto 2.5 Aristóteles afirmó:[28]

> Por esta razón, las matemáticas nacieron en Egipto, porque en este país le fue concedido el ocio a la clase sacerdotal.

Escribe un comentario, de la extensión que desees, a esta afirmación aristotélica.

Reto 2.6 Formaliza la demostración bosquejada en el párrafo anterior a la llamada de este reto.

Reto 2.7 Usa la ilustración anterior (así como el último problema) para demostrar que los ángulos internos de cualquier triángulo suman dos rectos.

Reto 2.8 Investiga el alcance del concepto de *ángulo* en la matemática griega antigua. A partir de esta investigación interpreta los hechos (a) y (b) comentados en el párrafo anterior a la llamada de este reto.

Notas y referencias bibliográficas del capítulo 2

[1] [Her89, Libro I, p. 124]. Este libro puede conseguirse en línea en la página elaleph.com: http://libros.astalaweb.com/Descargas/IndexGre.asp?autor=Herodoto.

[2] [Neu69, pp. 29–52]. La obra de Neugebauer es extensa; este pequeño opúsculo representa quizás el resumen de un vasto trabajo de años, con el fin de hacerlo llegar a un público amplio.

[3] James Newman hace un resumen muy completo de las características y detalles del papiro en su propia enciclopedia: [JRNC68, Vol. 1, pp.95–105].

NOTAS Y REFERENCIAS BIBLIOGRÁFICAS DEL CAPÍTULO 2

[4] La tesis doctoral de Neugebauer versó sobre estas fracciones egipcias.

[5] Los detalles de estas representaciones puede verlos el lector en [Ifr00, p. 169].

[6] ¡El mismo que usan nuestras modernas computadoras! [Neu69, p. 73].

[7] [JRNC68, Vol. 1, pp.95–105] y [FJSE94, pp. 135–144]. El primero (ya lo comentamos) es un artículo del propio Newman, mientras que el segundo es un artículo de R. J. Gillins.

[8] Una interesante discusión heurística puede encontrarse en el artículo de Gillins [FJSE94, pp. 145–148].

[9] [DL02, Vol. 1, p. 26].

[10] [Pro70, p. 52]. Traducción de D.J.

[11] [DL02, Vol. 1, p. 27]

[12] [Pro70, p. 124].

[13] [Pro70, pp. 124–125]. Traducción de D. J.

[14] [Pro70, p. 195].

[15] [Hea81, Vol. 1, p. 131].

[16] [DL02, Vol. 2, p. 104].

[17] [Euc56, Vol. 1, p. 162].

[18] [Ari69, pp. 222–223].

[19] [DL02, Vol. 1, p. 27].

[20] Al sacrificio de cien reses se le llamaba *hecatombe*. El término se encuentra con frecuencia en los escritos griegos clásicos.

[21] [DL02, Vol. 2, p.104].

[22] [Hea81, Vol. 1, p. 134].

[23] [Hea81, Vol. 1, p. 135]

[24] [Ari69, p. 222].

[25] [Pro70, p. 233].

[26] [Pro70, p. 275].

[27] [Hea81, pp. 132–133] y [Euc56, p. 305].

[28] [Ari00, p. 121].

Capítulo 3
La geometría pitagórica

Ya hemos visto como Proclo destaca el aporte pitagórico a la geometría, en el sentido de que el sabio samio la deslastra de su aspecto utilitario y la convierte en un ejercicio completamente racional; ése es esencialmente el contenido de la cita de Proclo que hemos incluído en la página 5. Posteriormente, el mismo Proclo lleva sus comentarios aún más lejos pues afirma que los pitagóricos consideraban el estudio de los teoremas de la geometría como un modo de hacer ascender el alma, en vez de ponerla en contacto con los objetos sensibles que la harían dependiente de las "necesidades comunes de los mortales". En el susodicho comentario de la página 5 destaca como aportes pitagóricos a la geometría la teoría de los irracionales –que veremos en el capítulo 4– y las figuras cósmicas –que estudiaremos al final de este capítulo. Sin embargo, los aportes pitagóricos a la geometría van más allá de esto. Veamos.

3.1
Los ángulos internos de un triángulo

Como ya sabemos de la lectura de Diógenes Laercio en la página 53, Pánfila atribuye a Tales la paternidad del teorema del triángulo rectángulo inscrito dentro del semicírculo. De ser cierto el contenido de esta atribución queda duda del camino que condujo a Tales a la conclusión, pudiéndose pensar incluso que se llegó a ella de manera totalmente empírica. Como fuera que sea, conocer este resultado implicaría –de una manera u otra– conocer que la suma de los ángulos internos de cualquier triángulo es igual a dos rectos. Por otro lado la intervención de Gémino en el sentido de que Tales podría haber dado una demostración casuística de este último hecho (que, siguiendo a Aristóteles, hubiera sido calificada de inválida) hace algo difícil el análisis histórico.

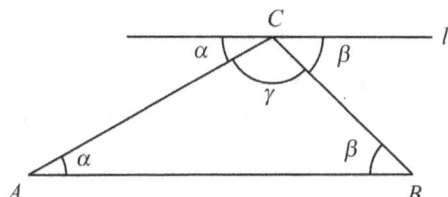

Figura 3.1: Demostración de Pitágoras de que $\alpha + \beta + \gamma = \pi$.

En todo caso, según Proclo, Eudemo atribuye la demostración general a Pitágoras.[1] En fraseo moderno, las líneas generales de tal demostración pitagórica discurren apoyadas en la figura 3.1, en la que se dibuja la paralela l por C al lado AB del triángulo ABC. Las letras griegas α, β y γ representan a los ángulos internos y aquellos marcados con α y β sobre l son iguales a sus correspondientes sobre la base del triángulo puesto que son alternos internos entre paralelas. Por tanto, los ángulos α, β y γ completan la paralela por C, lo cual quiere decir que suman dos rectos.

La demostración que hace Euclides (Proposición I.32) de este hecho

3.1. LOS ÁNGULOS INTERNOS DE UN TRIÁNGULO

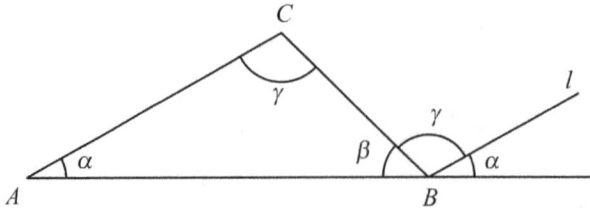

Figura 3.2: Demostración de Euclides de que $\alpha + \beta + \gamma = \pi$ (Proposición I.32).

difiere ligeramente de la pitagórica. Está ilustrada en la figura 3.2 donde, en primer lugar, se extiende el lado AB más allá de B y, en este mismo punto, se traza la paralela l al lado AC. Los ángulos marcados con α son iguales por ser correspondientes entre paralelas, mientras que los marcados con γ lo son por ser alternos internos. En este caso particular, α, β y γ completan la recta AB (prolongada), por lo cual suman dos rectos, como se afirma.

Cualquiera de las dos demostraciones hace uso de la teoría de las paralelas —es decir, *la proposición de la suma de los ángulos internos de un triángulo es una condición necesaria del cuerpo de la teoría de las paralelas*— y cabe pensar que una trayectoria inversa pudo significar empirismo (lo que sería dudoso de un geómetra de la talla de Tales) o un paso falaz en cualquier punto del camino, como sucedió con los numerosos intentos fallidos de demostrar el quinto postulado euclidiano.

Para Aristóteles ya era claro la necesidad del triángulo rectángulo inscrito en el semicírculo como consecuencia de la suma de los ángulos internos; lo demuestra un pasaje revelador al respecto:[2]

> ¿Por qué la suma de los ángulos internos es igual a dos rectos? *Porque los ángulos trazados en torno a un solo punto son iguales a dos rectos*. Si ya se hubiera trazado la línea paralela al lado del triángulo, la sola visión de la figura habría hecho evidente el por qué. ¿Por qué, pues, el ángulo inscripto en un semicírculo es siempre un ángulo recto? Porque si tres líneas son iguales, es decir, las dos mitades de la base y la perpendicular que parte del centro, entonces la respuesta surge ante la sola visión de la figura, *siempre que se conozca la primera proposición*.

El pasaje muestra claramente la interdependencia teórica que hemos venido comentando. Nuestra versión dice: "Si ya se hubiera trazado la línea paralela al lado del triángulo...", pero algunos traductores la escriben: "Si ya se hubiera trazado *hacia arriba* la línea paralela al lado del triángulo...", basados en el término ἀνῆχτο (*anekto*) que aparece en el original. Según Heiberg[3] esto significaría que la demostración que conocía Aristóteles es la que vierte Euclides, pues "trazada hacia arriba", identifica más propiamente el trazado de la paralela l a AC, que de la paralela l a AB.

Habiendo demostrado el teorema, debe haber sido fácil para los pitagóricos concluir que los ángulos internos de un polígono regular de n lados sumaban $2n-4$ ángulos rectos y que los ángulos externos sumaban 4 rectos.

Reto 3.1

Que el estudio de los polígonos regulares inquietó a los pitagóricos lo vimos ya en la sección 1.5 de la página 22 y siguientes, en donde analizamos la relación de estos polígonos con los números naturales. La atención a estas formas pudo provenir del contacto de Pitágoras con los sacerdotes egipcios; éstos se plantearon, a partir de un interés puramente decorativo, el problema de llenar el plano alrededor de un punto con polígonos regulares del mismo tipo.[4] Empíricamente consiguieron que los únicos polígonos posibles para cumplir esta tarea eran el triángulo equilátero, el cuadrado y el hexágono, tal como se muestran en la figura 3.3. Por su relativa sencillez y por el hecho de que toca los aspectos más

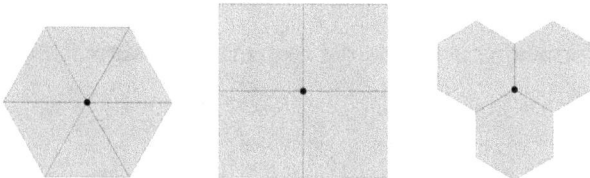

Figura 3.3: Llenar el plano alrededor de un punto con polígonos regulares.

sensibles de su trabajo alrededor de los números naturales, los pitagóricos debieron haber dado la demostración rigurosa de este teorema. Así nos lo afirma Proclo:[5]

> ... ese paradójico teorema que prueba que solo se puede llenar el espacio alrededor de un punto con los siguientes tres polígonos: el triángulo equilátero, el cuadrado y el hexágono equilátero equiangular... Este teorema es pitagórico.

Reto 3.2

3.2. EL TEOREMA DE PITÁGORAS

3.2
El teorema de Pitágoras

En el contexto histórico del teorema de Pitágoras juega papel preponderante la demostración que del mismo hiciera Euclides; ésta aparece como la proposición 47 del primer libro. La transcribiremos en su totalidad tomada de la versión de M. L. Puertas Castaño;[6] Euclides se apoyó en la figura 3.4.

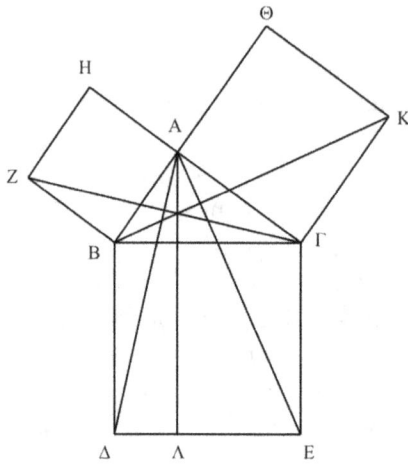

Figura 3.4: Demostración euclidiana del teorema de Pitágoras.

PROPOSICIÓN 47

En los triángulos rectángulos el cuadrado del lado que subtiende el ángulo recto es igual a los cuadrados de los lados que comprenden el ángulo recto.

Sea ABΓ el triángulo rectángulo que tiene el ángulo recto BAΓ.

Digo que el cuadrado de BΓ es igual a los cuadrados de BA, AΓ.

Trácese pues a partir de BΓ el cuadrado BΔEΓ, y a partir de BA, AΓ los cuadrados HB, ΘΓ [I, 46],* y por el (punto) A trácese AΛ paralela a una de las dos (rectas) BΔ, ΓE; y trácense AΔ, ZΓ. Y dado que cada uno de los ángulos BAΓ, BAH es recto, entonces en una recta cualquiera BA y por un punto de ella, A, las dos rectas AΓ, AH, no colocadas en el mismo lado, hacen los ángulos adyacentes iguales a dos rectos; por tanto, ΓA está en línea recta con AH [I, 14]. Por la misma razón, BA también está en línea recta con AΘ. Y como el ángulo ΔBΓ es igual al (ángulo) ZBA –porque

---

*Está haciendo referencia a la proposición anterior, I.46

cada uno (de ellos) es recto– añádase a ambos el (ángulo) ABΓ; entonces el (ángulo) entero ΔBA es igual al (ángulo) entero ZBΓ [N. C. 2]; y como ΔB es igual a BΓ, y ZB a BA, los dos (lados) ΔB, BA son iguales respectivamente a los dos (lados) ZB, BΓ; y el ángulo ΔBA es igual al ángulo ZBΓ; entonces la base AΔ es igual a la base ZΓ, y el triángulo ABΔ es igual al triángulo ZBΓ [1, 4]; y el paralelogramo BΛ es el doble del triángulo ABΔ: porque tienen la misma base BΔ y están entre las mismas paralelas BΔ, AΛ [I, 41]; pero el cuadrado HB es el doble del triángulo ZBΓ: porque tienen a su vez la misma base ZB y están entre las mismas paralelas ZB, HΓ [I, 41]; [pero los dobles de cosas iguales son iguales entre sí]; por tanto, el paralelogramo BΛ es también igual al cuadrado HB. De manera semejante, trazando las (rectas) AE, BK se demostraría que también el paralelogramo ΓΛ es igual al cuadrado ΘΓ; por tanto, el cuadrado entero BΔEΓ es igual a los cuadrados HB, ΘΓ [N. C. 2]. Asimismo, el cuadrado BΔEΓ ha sido trazado a partir de BΓ, y los (cuadrados) HB, ΘΓ a partir de BA, AΓ. Por tanto, el cuadrado del lado BΓ es igual a los cuadrados de los lados BA, AΓ.

Por consiguiente, en los triángulos rectángulos el cuadrado del lado que subtiende el ángulo recto es igual a los cuadrados de ·los lados que comprenden el ángulo recto. Q. E. D.

Podemos resumir esta demostración en los siguientes pasos:

1. Los triángulos ZBΓ y ABΔ son congruentes por tener iguales dos lados y el águlo comprendido entre ellos.

2. El rectángulo de diagonal BΛ tiene área doble que el triángulo ABΔ, porque tienen la misma base (BΔ) y la misma altura (ΔΛ, trazada desde A).

3. El cuadrado sobre ZB tiene área doble que el triángulo ZBΓ porque tienen la misma base (ZB) y la misma altura (HZ, trazada desde Γ).

4. Por tanto, el cuadrado sobre ZB tiene la misma área que el rectángulo de diagonal BΛ.

5. Con razonamiento similar se obtiene que el cuadrado sobre AΓ tiene la misma área que el rectángulo de diagonal ΓΛ.

6. Esto es todo lo que hace falta pues los dos rectángulos mencionados hacen el cuadrado sobre la hipotenusa BΓ.

Respecto a esta demostración Proclo comenta:[7]

3.2. EL TEOREMA DE PITÁGORAS

> Si prestamos atencion a quienes gustan de contar cosas antiguas, encontraremos que atribuyen este teorema a Pitágoras y añaden que sacrificó un buey por su descubrimiento. En lo que a mí concierne, aunque me asombran quienes primero notaron la verdad de este teorema, admiro aún más al autor de los *Elementos*, no solo por la prueba lúcida y eficiente que de él da, sino tambien porque en el sexto libro presenta un teorema aún más general que éste y lo fundamenta sobre argumentos científicos irrefutables. En efecto, en ese libro demuestra, de manera general, que en los triángulos rectángulos la figura sobre el lado que subtiende el ángulo recto es igual a las figuras semejantes (trazadas de manera similar) sobre los lados que contienen el ángulo recto.

El "teorema aún más general" que menciona Proclo es la proposición VI.31. La demostración de Euclides abarca figuras rectilíneas (polígonos) construídos sobre los lados del triángulo rectángulo, pero la proposición puede llegar incluso más lejos.

Reto 3.3

Hay cierta timidez en Proclo: no se atreve a afirmar la atribución del teorema a Pitágoras, a él le ha llegado de oídas. Sin embargo, ya habíamos visto en la página 53 que Diógenes Laercio había hecho la atribución tomándola de Apolodoro, el calculista. Heath desconoce las fechas vitales de Apolodoro,[8] pero lo sabe anterior a Plutarco (50–120 d.C.) e, incluso, pudiera serlo al mismo Cicerón (106–43 a.C.). Ya el primero de ellos menciona el sacrificio, tomándolo igualmente de Apolodoro,[9] aunque no le parece un resultado tan valioso como los teoremas de aplicación de áreas (de éstos hablaremos luego en la sección 3.5). En *De la naturaleza de los dioses* Cicerón está más preocupado en discutir el sacrificio del buey que la veracidad del teorema.

Por otra parte el teorema está dentro del espíritu de los problemas de "aplicación de áreas" que, según Eudemo (comentado por Proclo) pertenecen a la "musa de los pitagóricos"[10] y del libro II de los *Elementos* el cual hace uso consistente del concepto de gnomon lo que, de acuerdo con lo estudiado en las páginas 24 y siguientes, tiene una fuerte carga de tradición pitagórica. Sin duda, el problema de conseguir triángulos rectángulos de lados racionales (hoy llamado problema de las *ternas pitagóricas*) fue estudiado por el pitagorismo y es posible que haya sido este problema quien condujo a la observación de la inconmensurabilidad de la diagonal con el lado del cuadrado (o de la hipotenusa del isorrectángulo con un cateto)[11] es decir, el descubrimiento de los irracionales. De manera que la evidencia histórica parece mantener la idea de que el teorema (tanto en su enunciado como en su prueba) proviene del pitagorismo original, si no del mismo Pitágoras.

Aunque la demostración pitagórica se desconoce, no es vano intentar seguir la pista a la posible heurística que aparece detrás de los datos históricos. Se sabe con seguridad que los egipcios conocían la relación $3^2 + 4^2 = 5^2$, pero no que la asociaran con el triángulo rectángulo. Pitágoras *sí* hizo la observación y eso, en la mejor tradición griega, debe haberlo llevado a interrogarse acerca de otros triángulos rectángulos.

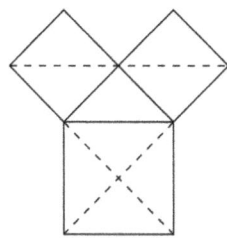

El caso más sencillo parece ser el isorrectángulo, que es la mitad de un cuadrado. La figura a la izquierda muestra con claridad el teorema en este caso particular: los cuatro triángulos rectángulos que aparecen sobre los catetos (como mitades de cuadrados) se corresponden a los cuatro triángulos rectángulos en los que se descompone el cuadrado construido sobre la hipotenusa. Éste es el mismo espíritu que se manifiesta en el libro II de los *Elementos*, en el cual se recoge un conjunto de resultados que ha sido denominado *álgebra geométrica*, pues en él se encuentra una serie de proposiciones algebraicas presentadas –a la manera de un rompecabezas– como un montaje y reordenación de piezas geométricas. Por ejemplo, la proposición II.4 dice:[12]

> Si se corta al azar una línea recta, el cuadrado de la (recta) entera es igual a los cuadrados de los segmentos y dos veces el rectángulo comprendido por los segmentos.

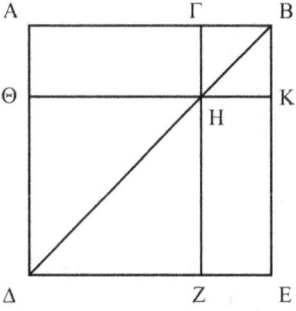

Figura 3.5: "Álgebra geométrica" euclidiana: $(a+b)^2 = a^2 + b^2 + 2ab$.

que no es otra cosa, en términos modernos, que

$$(a+b)^2 = a^2 + b^2 + 2ab,$$

3.2. EL TEOREMA DE PITÁGORAS

y para cuya demostración Euclides usa la figura 3.5 en la que claramente se ven los dos cuadrados de lados a y b (AΓ y ΓB) y los dos rectágulos de lados a y b. (El trazo de la diagonal se justifica pues Euclides hace consideraciones angulares en su demostración.)

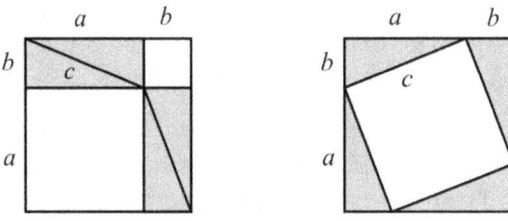

Figura 3.6: Una posible demostración original.

En esta línea de pensamiento se podría conjeturar una demostración del teorema de Pitágoras basada en el trazado de un cuadrado de lado $a + b$ de dos formas distintas, tal como se muestra en la figura 3.6. En cada una de las representaciones del cuadrado hemos sombreado cuatro triángulos rectángulos congruentes, de manera que las figuras sin sombrear en cada cuadrado tienen la misma área. Pues bien, a la izquierda tenemos los cuadrados de lados a y b (los construidos sobre los catetos), mientras que a la derecha tenemos el cuadrado de lado c (el construido sobre la hipotenusa), luego $c^2 = a^2 + b^2$.

Heath objeta que una prueba como la anterior es poco probable para el pitagorismo por cuanto la misma "no tiene específicamente color griego".[13] A nosotros esta observación de Heath se nos antoja un tanto arbitraria en consideración a la semejanza que acabamos de apuntar con los contenidos del libro II de los *Elementos*.

La particular organización teórica de la obra magna de Euclides hace que éste deba demostrar la generalización del teorema de Pitágoras comentada por Proclo en el sexto libro, puesto que la prueba usa la teoría de las proporciones desarrollada en el libro V. Hay consenso histórico en que la materia de este último libro se debe al platónico Eudoxo. Sin embargo el pitagorismo había avanzado una incompleta teoría de las proporciones basada en números enteros, al estilo de la que desarrolla Euclides en los libros "aritméticos" VII a X. Esta teoría se demostró incompleta al chocar con el descubrimiento de los inconmensurables (o irracionales) como veremos en el capítulo 4, pero la presencia de triángulos rectángulos con lados racionales (ternas pitagóricas) pudo llevar a una demostración en este caso particular, que luego del completo desarrollo teórico eudoxiano se vería como una prueba perfectamente general. En este sentido se reconocen dos posibles pruebas, ambas basadas en la figura 3.7.

CAPÍTULO 3. LA GEOMETRÍA PITAGÓRICA

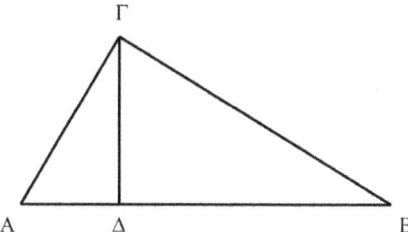

Figura 3.7: Demostración del teorema de Pitágoras por proporcionalidad.

Para la primera demostración se observa que la perpendicular ΓΔ produce semejanza entre los triángulos AΓB y AΔΓ, lo cual conduce a la proporción

$$AB : A\Gamma :: A\Gamma : \Delta A$$

que, como puede verse en la página 32, define a AΓ como media geométrica de AB y ΔA; entonces, esto quiere decir que el rectángulo de lados AB, ΔA es igual (tiene la misma área) que el cuadrado de lado AΓ.[14] Con razonamiento idéntico se concluye que el cuadrado sobre ΓB es igual al rectágulo de lados AB, ΔB. Como los dos rectángulos constituyen el cuadrado sobre AB el teorema está demostrado.

Reto 3.4

La segunda prueba que queremos comentar hace uso del hecho de que los tres triángulos ABΓ, AΔΓ y ΓΔB de la figura 3.7 son semejantes entre sí, y además el primero es la suma de los otros dos (en términos de áreas, por supuesto). Por otra parte, los catetos AΓ y ΓB son hipotenusas de los triángulos rectángulos que aparecen al trazar la altura ΓB. Entonces el cuadrado construido sobre AB es igual a (la suma de las áreas de) los cuadrados sobre AΓ y ΓB.[15]

De ser ciertas las conjeturas y alguna o ambas de estas pruebas fueron descubiertas por los pitagóricos, los méritos atribuidos por Proclo a Euclides parecen disolverse. En esencia, la primera prueba es idéntica a la euclidiana; la diferencia es procedimental en tanto Euclides usa un teorema de la teoría de los paralelogramos (Prop. I.41), para mostrar la igualdad entre el cuadrado y el rectángulo y la que acabamos de ver llega a tal igualdad usando las proporcionalidades entre lados de triángulos semejantes. Por otra parte, la segunda prueba, analizada desde la generalidad del problema 3.4 incluye también lo que fue la proposición VI.31 de los *Elementos*, que tanto entusiasmó a Proclo.

Como quiera que fuese, no podemos olvidar que Euclides intentaba con sus *Elementos* la primera labor teórica (que se conozca) de orga-

3.3. EL TEOREMA DE PITÁGORAS EN OTRAS CULTURAS

nización y fundamentación de la matemática existente para su época. El teorema de Pitágoras es su proposición I.47,[16] y todavía le faltaban cuatro libros más para poder considerar una teoría general de las proporciones –la teoría eudoxiana–, que le permitiera dar una prueba lo suficientemente amplia para incluir los inconmensurables descubiertos por el propio pitagorismo y fundamentados genialmente por Eudoxo. Así que su solución, sustentando la demostración en conocimientos de áreas de figuras poligonales, aprovechando los últimos resultados anteriores de este primer libro, no deja de ser genial y hace legítimo ante nosotros el entusiamo de Proclo.

3.3
El teorema de Pitágoras en otras culturas

Babilonia

Hay interesantes evidencias del conocimiento del teorema de Pitágoras por los babilonios en fechas tan remotas como el milenio de 2000 a 1000 a.C. De ellas hacen mención Daniel Lloyd y Raymond Clare Archibald en sendos artículos de la antología de Swetz.[17] La primera de las referencias menciona una excavación en Tel Dhibayi en el año 1962, que puso al descubierto una pequeña población que incluía un templo. En la excavación apareció una tablilla de arcilla quemada que contenía un problema geométrico acerca de un rectángulo. En apariencia, el problema se plantea hallar los lados del rectágulo conociendo su área y su diagonal, siendo el valor de estas últimas igual a 3/4 y 5/4, respectivamente.

La interpretación de los expertos dio como resultado la siguiente lista de instrucciones, vertidas a nuestras modernas notaciones, haciendo A el valor del área y D el de la diagonal:

$$2A = \frac{3}{2}; \quad D^2 - 2A = \frac{25}{16} - \frac{3}{2} = \frac{1}{16}$$

$$\sqrt{D^2 - 2A} = \frac{1}{4}; \quad \frac{1}{2}\sqrt{D^2 - 2A} = \frac{1}{8}$$

$$\frac{D^2 - 2A}{4} = \frac{1}{64}; \quad \frac{D^2 - 2A}{4} + A = \frac{D^2 + 2A}{4}$$

$$\frac{1}{2}\sqrt{D^2 + 2A} + \frac{1}{2}\sqrt{D^2 - 2A} = 1$$

$$\frac{1}{2}\sqrt{D^2 + 2A} - \frac{1}{2}\sqrt{D^2 - 2A} = \frac{3}{4}.$$

CAPÍTULO 3. LA GEOMETRÍA PITAGÓRICA

Las dos últimas líneas de la serie de instrucciones dan las dimensiones del rectángulo. Si llamamos a éstas l y a respectivamente, la lista sugiere el conocimiento de las ecuaciones

$$A = la \quad \text{y} \quad D^2 = a^2 + l^2,$$

que conducirían a

$$\sqrt{D^2 - 2A} = l - a \quad \text{y} \quad \sqrt{D^2 + 2A} = l + a.$$

Un procedimiento más rápido –quizás menos ingenioso que éste– implicaría la solución de una ecuación bicuadrática que, como vimos en la página 44, podían estar facultados para resolver.

`Reto 3.5`

La otra referencia muestra tres evidencias, que se encuentran en tablillas de museos de Inglaterra y Francia y cuyo descubrimiento data de finales de la década del 20 en el siglo pasado. La primera de ellas trata de un círculo, del cual se conoce la circunferencia; se plantea el problema doble de dadas una cuerda y su sagita conseguir la longitud de cada una en función de la otra. (La *sagita* de una cuerda es el segmento cuyos extremos son los puntos medios del arco menor y de la propia cuerda. Algunas veces se le llama *flecha*.) Este problema se resuelve apelando al diámetro del círculo que, como vimos en la página 45, se consideraba la tercera parte de la circunferencia. Si la longitud del diámetro es d, la de la cuerda c y la de la sagita s, nuestro matemático babilónico dio las instrucciones que mostraban la fórmulas correctas, esto es

$$c = \sqrt{d^2 - (d-2s)^2} \quad \text{y} \quad s = \frac{1}{2}\left(d - \sqrt{d^2 - c^2}\right).$$

`Reto 3.6`

En otra tablilla se tiene el problema de calcular la distancia s, a la que se separa el pie de una viga vertical de longitud l, de la pared a la cual estaba adosada, si su parte superior baja una altura h; se plantea además la solución del problema inverso, es decir hallar h si se conoce s. La solución de la tablilla se ajusta, una vez más, a las fórmulas correctas:

$$s = \sqrt{l^2 - (l-h)^2} \quad \text{y} \quad h = l - \sqrt{l^2 - s^2}.$$

La tercera tablilla es más reciente: data de la época de Alejandro Magno (356–323 a.C.). Trata de un rectángulo cuyos lados y diagonal son tales que su suma es 40 y el producto de sus lados es 120. Se trata

71

3.3. EL TEOREMA DE PITÁGORAS EN OTRAS CULTURAS

de hallar los lados y la diagonal, tarea que nuestro precoz matemático resuelve adecuadamente dando como resultado 15 y 8 para los lados y 17 para la diagonal.

En todos estos problemas, las variables corresponden a números enteros, lo que hace suponer un conocimiento del problema de las ternas pitagóricas.

Un problema relacionado, pero planteado sobre fracciones aparece en una tablilla acadia cercana al 2000 a.C. Es tan sencilo como calcular la diagonal de un rectángulo dados los lados del mismo, aplicación directa del teorema de Pitágoras. Sin embargo, está lejos del asunto de las ternas pitagóricas pues las raíces cuadradas que en él aparecen no son exactas. En efecto, los lados del rectángulo son 10/60 y 40/60[18] que llevan al cálculo de $\sqrt{1700}$. En este sentido, el solucionista babilónico propone dos aproximaciones para la fórmula $d = \sqrt{a^2 + l^2}$; éstas son:

$$d = a + \frac{l^2}{2a} \quad y \quad d = a + 2al^2.$$

La primera de ellas es una aproximación de Taylor de primer grado, conocida y aplicada por Herón de Alejandría, pero más de dos mil años después. La segunda es errónea, y Neugebauer propuso corregirla (en el posible espíritu del proponente) usando

$$d = a + \frac{2al^2}{2a^2 + l^2},$$

sin embargo, aun da un valor algo lejano.

China

Los dos libros más antiguos que atestiguan la sabiduría matemática china son el *Chou pei suan ching* (con seguridad pre–euclidiano, quizás hasta pre–pitagórico) y el *Chiu chang suan shu* (de aproximadamente el siglo III a.C.); sus nombres se traducen respectivamente como *Aritmética clásica del gnomon y las trayectorias circulares de los cielos* y *Nueve problemas del arte matemático*.[19] En el primero de estos libros se tiene una demostración del teorema de Pitágoras que, por lo tanto, es la más antigua que se conoce; el segundo de estos textos contiene en su último capítulo una serie de problemas acerca de triángulos rectángulos, para cuya resolución es necesario el conocimiento del teorema. Este capítulo se llama *Kou–ku*, dos vocablos que identifican, en orden, el cateto menor y el mayor de un triángulo rectángulo; el vocablo compuesto identifica dichos triángulos, a la hipotenusa se le conoce como *shian*.

CAPÍTULO 3. LA GEOMETRÍA PITAGÓRICA

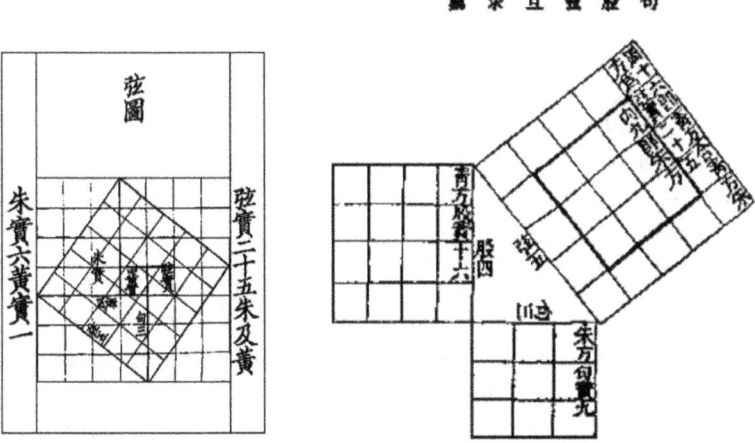

Figura 3.8: Diagramas chinos en el uso de triángulos rectángulos.

Para la demostración o solución de problemas usaban diagramas como los que mostramos en la figura 3.8 en los que puede verse una clara referencia a los triángulos (3, 4, 5), aun cuando las demostraciones o resoluciones eran perfectamente generales. Algunos conjeturan que el conocimiento de este caso particular puede haberlos llevado al caso general, pero hay divergencias al respecto. Que se usen los triángulos (3, 4, 5) pudiera también ser un recurso pedagógico.

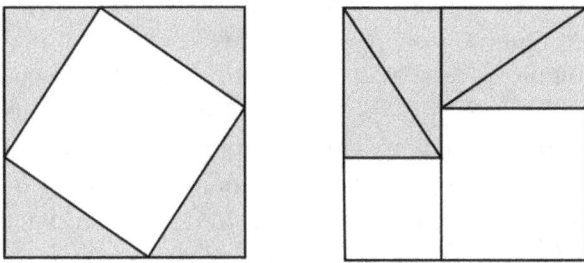

Figura 3.9: Demostración china del teorema de Pitágoras.

En todo caso, la demostración ya mencionada en *Chou pei suan ching* usa una figura como la de la izquierda de 3.8, que el lector, siguiendo las instrucciones, debe imaginar recompuesta como en la figura 3.9. La igualdad de las áreas de las zonas sombreadas conlleva la igualdad de las áreas de las zonas blancas. (Recordemos la figura 3.6 y el comentario de Heath en la página 68.)

3.3. EL TEOREMA DE PITÁGORAS EN OTRAS CULTURAS

India

El territorio hindú es el asiento de la religión védica, así llamada porque sus enseñanzas se encuentran en los libros sagrados conocidos como *Vedas* (del sánscrito *vêda*, ciencia), que contienen los himnos de alabanza para el ritual de los sacrificios y la conservación del fuego sagrado en los altares. La recopilación de los vedas cubre un período de varios siglos que, aparentemente, terminó en 800 a.C.

Anexo a los Vedas se encuentran textos de carácter técnico que se denominaron *sulbasutras*, conjunto de instrucciones para la construcción de altares. Nuestro conocimiento de la primitiva matemática hindú proviene por completo de los sulbasutras, de los cuales los más importantes para nuestro propósito son *Baudhayana*, *Manava*, *Apastamba* y *Katyayana*, nombres que provienen de los escribas que los produjeron, escribas éstos cuya función iba más allá de la simple transcripción hasta el aporte intelectual con una buena dosis de propio criterio. Desde la visión arquitectónica que esperaba ganar el escriba, los problemas geométricos que en ellos aparecen hacen mención principal a las sogas con las cuales se hacían las mediciones, posiblemente al estilo de los anudadores de soga egipcios que usaban sogas con nudos a iguales intervalos para realizar las medidas.

En atención al tema que nos ocupa, aparecen en estos documentos múltiples alusiones tanto al teorema de Pitágoras en sí como a las aplicaciones del mismo. En *Baudhayana* y *Apastamba* aparece la siguiente afirmación: "La soga sobre la diagonal de un cuadrado produce un área doble"; que no es otra cosa que el caso particular del teorema de Pitágoras aplicado al isorrectángulo. Más allá de esto, tanto el *Apastamba* como el *Katyayana* muestran la versión más general del teorema con un fraseo similar al siguiente: "La soga sobre la diagonal de un rectángulo produce la suma que los lados mayor y menor producen separadamente". Como suele suceder con todos estos documentos, no existe en ellos ni demostración de las afirmaciones ni justificación alguna de los procedimientos.

En el *Apastamba* se dan instrucciones para la construcción de triángulos rectángulos a partir de sogas anudadas con un número entero de nudos; esto es, construidas en forma de ternas pitagóricas. Algunos ejemplos son: (3, 4, 5), (5, 12, 13), (8, 15, 17), (12, 35, 37) y otras derivadas de ellas por proporcionalidad.

Dado su objetivo arquitectónico todos los sulbasutras contenían instrucciones para construir figuras geométricas con ciertas condiciones. Por ejemplo, enseñaban a construir un cuadrado que fuera suma de otros dos; una aplicación directa del teorema de Pitágoras. Otra muy importante es la construcción de un cuadrado de área igual a un rectángulo dado. El procedimiento es primoroso; digno de loa por su genialidad: el escriba construye un triángulo rectángulo de hipotenusa $\frac{1}{2}(a+b)$ y un cateto $\frac{1}{2}(a-b)$, donde a y b son las dimensiones del rectángulo. En esencia, no se trata de otra cosa que una demostración geométrica de la identidad algebraica

$$ab = \left(\frac{a+b}{2}\right)^2 - \left(\frac{a-b}{2}\right)^2.$$

Los pasos de la construcción se muestran en la figura 3.10.

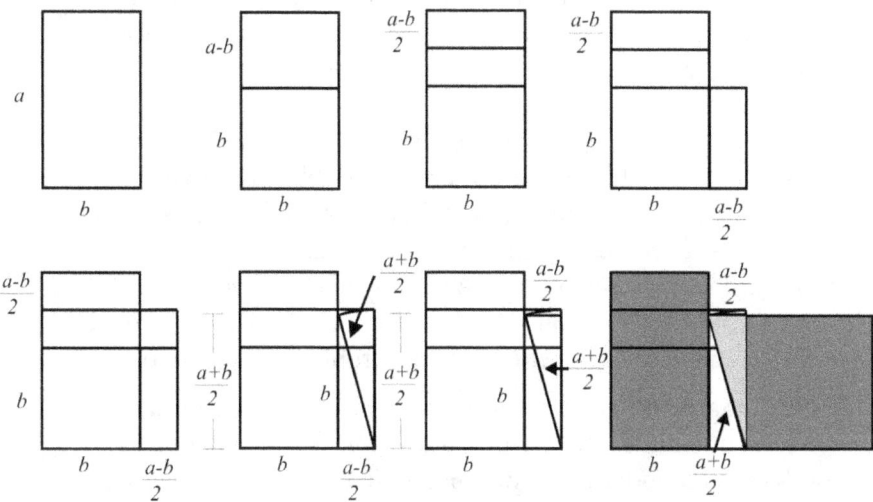

Figura 3.10: Las figuras en gris oscuro tienen la misma área. El cuadrado se construye sobre un cateto del triángulo rectángulo en gris claro.

Tanto en *Apastamba* como en *Katyayana* se encuentra un texto cuyo significado es:

$$\sqrt{2} = 1 + \frac{1}{3} + \frac{1}{3\cdot 4} - \frac{1}{3\cdot 4\cdot 34},$$

excelente aproximación $(1,414215686)$ que da la raíz con cinco cifras exactas. ¿De dónde pudo provenir tal conocimiento? Por lo pronto tenemos pocas esperanzas de saberlo; se han planteado algunas hipótesis interesantes pero, por supuesto, no han pasado de ser eso: simples hipótesis. Luego de esta maravilla, en *Apastamba* se muestra como construir $\sqrt{3}$ a partir de la aproximación a $\sqrt{2}$ y el teorema de Pitágoras.

Heath recoge el entusiasmo del editor Albert Bürk,[20] traductor y comentarista del *Apastamba*, quien llega al punto de desmeritar al propio Pitágoras pues, según su particular criterio, éste consiguió los resultados

3.4. LAS TERNAS PITAGÓRICAS

relativos al triángulo rectángulo y los irracionales como producto del contacto que debe haber tenido con la India en alguno de sus múltiples viajes. La afirmación pareciera más bien producto del entusiasmo de Bürk como editor.

3.4
Las ternas pitagóricas

Hay alguna especulación en torno al hecho de que la observación de la propiedad $3^2 + 4^2 = 5^2$ pudiera haber inducido la idea del teorema de Pitágoras, luego de que la construcción del triángulo (3, 4, 5) mostrara que éste era rectángulo. Sea como fuere, una vez descubierto el teorema quedaba la incógnita de la existencia de otras ternas de números enteros que fueran lados de triángulos rectángulos, las ahora llamadas *ternas pitagóricas*. Posiblemente sea éste el primer problema diofántico de la historia. Diofanto fue un matemático del siglo IV d.C. que escribió un libro de *Aritmética* (con ese mismo nombre) en el que estudiaba, con particular profundidad, ecuaciones algebraicas con coeficientes enteros, para las cuales se buscaban soluciones enteras. Evidentemente, el problema $a^2 + b^2 = c^2$ para a, b y c enteras es un problema diofántico.

Para una escuela matemática como la pitagórica, sustentada en una visión mística y fundamentadora del número (entendido como número natural), este problema no podía pasar desapercibido. Tenemos testimonio de ello en el libro de Proclo quien afirma conocer dos métodos para conseguir ternas pitagóricas, uno lo atribuye al propio Pitágoras y el otro a Platón.[21] Del primero le leemos:

> El método de Pitágoras comienza con números impares, considerando un número impar dado como el menor de los dos lados que contienen el ángulo [el cateto menor], se toma su cuadrado, se le resta 1 y la mitad de lo que resulte es el mayor de los lados que comprenden el ángulo recto [el cateto mayor]; añadiendo 1 a a esto último se obtiene el lado que falta: el que subtiende al ángulo [la hipotenusa].

Lo que Proclo dice es que si p es un número impar, la fórmula de Pitágoras da la terna p, $\frac{1}{2}(p^2 - 1)$ (como catetos) y $\frac{1}{2}(p^2 + 1)$ (como hipotenusa). En efecto,

$$p^2 + \left(\frac{p^2 - 1}{2}\right)^2 = \left(\frac{p^2 + 1}{2}\right)^2, \qquad p \text{ impar. \quad (Fórmula de Pitágoras.)}$$

En lo que a Platón respecta, Proclo afirma:

CAPÍTULO 3. LA GEOMETRÍA PITAGÓRICA

El método platónico procede a partir de números pares. Toma un número par dado como uno de los lados alrededor del ángulo recto [un cateto], lo divide en dos y eleva al cuadrado esta mitad; entonces, añadiendo 1 al cuadrado consigue el lado que subtiende [la hipotenusa] y restando 1 al cuadrado obtiene el otro lado alrededor del ángulo recto [el otro cateto].

Es decir que, dado un número p cualquiera, la terna pitagórica platónica es $2p$, $p^2 - 1$ (catetos) y $p^2 + 1$ (hipotenusa). En efecto,

$$(2p)^2 + (p^2 - 1)^2 = (p^2 + 1)^2, \qquad p \text{ cualquiera. (Fórmula de Platón.)}$$

¿Cuál es la heurística detrás de los descubrimientos de estas fórmulas? Ésta será siempre materia de especulación. Una primera hipótesis podría surgir de la construcción de cuadrados usando como gnomon los números impares (figura 1.9 de la página 26), que es una visión geométrica de la fórmula algebraica

$$1 + 3 + 5 + \cdots + (2n - 1) + (2n + 1) = n^2,$$

en la que evidentemente se tiene que los primeros n sumandos generan un cuadrado, por lo que bastaría que el gnomon (el último sumando) también lo fuera, como en el siguiente esquema

$$\underbrace{1 + 3 + \cdots + (2n - 1)}_{n^2} + \underbrace{(2n + 1)}_{p^2} = (n + 1)^2,$$

que es la fórmula pitagórica si hacemos los despejes a partir de $p^2 = 2n + 1$. Con algo de ingenio, la aplicación de la fórmula pitagórica podría hacerse a partir de la secuencia geométrica de la propia figura 1.9; algunas de las ternas que se generan son $(3, 4, 5)$, $(5, 12, 13)$, $(7, 16, 25)$, $(9, 40, 41)$, etc.

Heath da una explicación del historiador Cantor, algo más compleja que la anterior.[22] Podría provenir de la concepción de la tabla de opuestos pitagóricos de Aristóteles (ver página 23) en la que a lo *cuadrado* (finito) se opone lo *oblongo* (ilimitado). Como se acepta que el cuadrado es una sola forma, entonces puede concluirse que hay semejanza entre todos los cuadrados; pero, por el otro lado, lo ilimitado de lo oblongo impide semejanza entre ellos por lo que, dado un oblongo, sus únicos semejantes podrían ser aquellos números rectangulares cuyos lados sean proporcionales a los del oblongo. En resumen y notación moderna puede decirse que los *números semejantes* son de dos tipos: (a) todos los cuadrados entre sí y (b) cada oblongo $n(n + 1)$ con un número

3.4. LAS TERNAS PITAGÓRICAS

de la forma $pn \cdot p(n+1)$.[23] Con esta definición a la mano es claro que el producto de números semejantes es un cuadrado, tal como lo establece Euclides en la proposición IX.1 de los *Elementos*.

Ahora bien, la relación pitagórica $a^2 + b^2 = c^2$ puede escribirse

$$a^2 = c^2 - b^2 = (c-b)(c+b),$$

por lo que la solución en enteros implicaría conseguir dos números $c - b$, $c + b$ tales que su producto es un cuadrado. Hay una observación importante para lo que sigue. Dado que $(c-b) + (c+b) = 2c$ entonces $c-b$ y $c+b$ son ambos pares o ambos impares. A la luz del párrafo anterior pasan a ser candidatos naturales los números semejantes. Comenzando con la semejanza entre 1 y p^2 se plantea

$$\begin{aligned} c - b &= 1 \\ c + b &= p^2 \end{aligned}$$

cuya solución es

$$a = p, \qquad b = \frac{p^2 - 1}{2}, \qquad c = \frac{p^2 + 1}{2},$$

con p impar, puesto que 1 lo es y los factores del producto deben tener la misma paridad. Esto es exactamente la fórmula pitagórica.

Pero si, en vez de ello, apelamos a la semejanza entre 2 y $2p^2$ llegamos a

$$\begin{aligned} c - b &= 2 \\ c + b &= 2p^2 \end{aligned}$$

que conduce a la solución

$$a = 4p^2, \qquad b = p^2 - 1, \qquad c = p^2 + 1,$$

y ésta es la terna platónica.

Esta conjetura cantoriana es hermosa, sin duda, y muy entrelazada con las bases de lo pitagórico. Sin embargo, produce ambas fórmulas con tanta facilidad que resulta difícil pensar a Pitágoras dejando algo para Platón si hubiera emprendido la labor teórica a partir de estas herramientas.

En cualquier caso, la fórmula de Platón se obtiene directamente de la pitagórica multiplicando por 2 cada uno de los términos. Pero podría pensarse en otro camino, tal vez más idiosincrásico, haciendo de nuevo uso del gnomon.

CAPÍTULO 3. LA GEOMETRÍA PITAGÓRICA

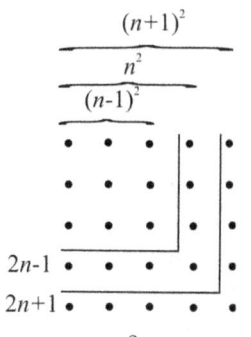

Nos apoyamos en la figura de la izquierda donde se muestra el paso de un cuadrado al siguiente mediante un gnomon, y de éste al próximo con el gnomon consecutivo. Como puede verse, la diferencia entre el cuadrado mayor y el menor es la acumulación de los dos gnomones: $(2n-1) + (2n+1) = 4n$, así

$$(n-1)^2 + 4n = (n+1)^2,$$

y si $n = p^2$ resulta

$$(p^2-1)^2 + (2p)^2 = (p^2+1)^2,$$

que es la fórmula platónica.

De la lectura de Euclides puede deducirse una fórmula aún más general que éstas para la ternas pitagóricas. Se trata del lema 1 a la proposición X.28,[24] que se apoya en la figura a la derecha, en donde AB y ΓB son dos números. Asumiendo que AB y ΓB tienen la misma paridad, entonces su diferencia AΓ es un número par, por lo cual si Δ está a la mitad de AΓ, entonces AΔ y ΔΓ son números (iguales, por añadidura).

Basado en la proposición II.6, Euclides nos afirma que el producto de AB y BΓ más el cuadrado de ΓΔ es el cuadrado de BΔ. Haciendo $x = AB$ y $y = BΓ$, la afirmación anterior se traduce en la identidad

$$xy + \frac{(x-y)^2}{4} = \frac{(x+y)^2}{4}.$$

En este punto, Euclides aclara que para conseguir la terna pitagórica[25] basta con que los números AB y BΓ sean semejantes. Ahora bien, en nomenclatura moderna se tiene que para que x y y sean semejantes basta que tengan la forma $x = \alpha\beta^2$ y $y = \alpha\gamma^2$, por lo cual la fórmula euclídea quedaría:

$$\alpha\beta^2 \cdot \alpha\gamma^2 + \frac{(\alpha\beta^2 - \alpha\gamma^2)^2}{4} = \frac{(\alpha\beta^2 + \alpha\gamma^2)^2}{4},$$

que incluye todas las fórmulas vistas hasta ahora.

El último teorema de Fermat

Un problema diofántico asociado con las ternas pitagóricas fue planteado en el siglo XVII por el abogado especialista en teoría de números,

3.5. APLICACIÓN DE ÁREAS

Pierre de Fermat. Lo que hizo Fermat fue cambiar el exponente 2 por cualquier exponente entero mayor

$$x^n + y^n = z^n, \qquad n \geq 3,$$

y preguntarse si aún así podían conseguirse soluciones enteras en x, y, z. El mismo Fermat conjeturó la imposibilidad de tales soluciones, aunque afirmó tener una demostración que, en sus propias palabras, no cabía en el margen del libro de Diofanto que en ese momento leía. La posteridad se dedicó afiebradamente a la búsqueda de la demostración de lo que se llamó *último teorema de Fermat*, pero no fue sino hasta 1993 que un matemático de la Universidad de Princeton, Andrew Wiles, logró dar una demostración convincente, basada en la teoría de las curvas elípticas y que le ocupó cerca de doscientas páginas... algo extenso para caber en el margen de un libro.[26]

3.5
Aplicación de áreas

Los llamados *problemas de aplicación de áreas* representan una investigación de importancia fundamental para la geometría griega. Están en el centro de sus mayores aportes y dieron luz a problemas que –como la *cuadratura del círculo*– permanecieron en calidad de tales durante buena parte de la historia de la matemática. Estos problemas son el antecedente moderno de la teoría de la integración y la medida y los griegos avanzaron en ellos tanto como para pensarlos precursores en ese campo.

Para identificar el origen pitagórico de estos problemas recurrimos a dos fuentes principales. Una de ellas es Plutarco (ya comentado en la página 66) quien nos dejó dos textos importantes, que citamos a continuación:[27]

> Pitágoras sacrificó un buey a causa de su proposición, como dice Apolodoro:
>
>> Como al encontrar Pitágoras la famosa figura
>> por la cual ofreció el noble sacrificio.
>
> Tanto si fue el teorema que el cuadrado sobre la hipotenusa es igual a la suma de los cuadrados sobre los lados que forman el ángulo recto, o el problema acerca de la aplicación del área.
>
> ......
>
> Entre los mayores teoremas geométricos, o más bien problemas, se cuenta éste: dadas dos figuras, construir una tercera igual a

CAPÍTULO 3. LA GEOMETRÍA PITAGÓRICA

una y semejante a la otra; a causa de este descubrimiento, dicen que Pitágoras se sacrificó. Es, sin duda, más sutil y elegante que el teorema que demuestra que el cuadrado sobre la hipotenusa es igual a la suma de los cuadrados sobre los lados que forman el ángulo recto.

Vemos entonces que Plutarco no solo adjudica a Pitágoras el descubrimiento de estos problemas, sino que los valora superiores al descubrimiento más conocido del propio Pitágoras, al punto de que es el único de ellos que lleva su nombre. Vale la pena destacar, sin embargo, la paradoja de que el propio teorema de Pitágoras resuelve un problema de aplicación de áreas: dados dos cuadrados conseguir un tercer cuadrado cuya área sea la suma de los dos.

El otro texto es de Proclo; proviene de su comentario a la proposición I.44 de los *Elementos*, aun cuando el primer problema de aplicación de áreas que encontramos allí es la proposición I.42. Proclo usa, a su vez, a Eudemo como referencia y dice así:[28]

> Eudemo y su escuela nos dicen que estas cosas: la aplicación (παραβολή) de áreas, su exceso (ὑπερβολή) y su defecto (ἔλλειψις), son antiguos descubrimientos de la musa de los pitagógicos. Es a partir de ellas que los geómetras posteriores aplicaron estos términos a las denominadas líneas cónicas, llamándolas: a una, "parábola"; a otra, "hipérbola" y, a la tercera, "elipse"; pero estos hombres de antaño, similares a dioses, vieron la importancia de estos términos al describir las áreas planas sobre una línea recta finita.[29]

En realidad la aplicación de estos conocimientos a la teoría de las secciones cónicas tiene mucha mayor importancia que un simple trasfondo terminológico. Pero este tema, desarrollado en el siglo III a.C. por Apolonio, está fuera de nuestro alcance. Por ahora, nos interesa definir el problema, para lo cual algo adelantamos con la lectura de Plutarco: se trata de, dadas dos figuras geométricas, conseguir una tercera semejante a la primera y de área igual a la segunda. Estos problemas ocupan en los *Elementos* un lugar destacado: el final del primer libro desde I.42 y todo el segundo libro.

Pero esta definición hay que completarla con la descripción contenida en el comentario de Proclo. Planteada de la manera anterior solo tenemos la parte παραβολή (igualdad) del problema; quedarían pendientes las partes ὑπερβολή (exceso) y ἔλλειψις (defecto). Éstas últimas se refieren a construir un polígono sobre una recta,[30] el cual podría ocupar parte de la recta como base (aplicación por defecto) o extender la base fuera de

3.5. APLICACIÓN DE ÁREAS

la recta (aplicación por exceso). Proclo mismo acota que tales problemas los aborda Euclides en el sexto libro y se refiere a las proposiciones VI.27 a VI.29. Las estudiaremos mejor a partir de la página 85.

El problema en los Elementos

La primera proposición de aplicación de áreas que encontramos en los *Elementos* es la I.42, la cual muestra cómo construir un rectángulo igual a un triángulo dado. El procedimiento se basa en la proposición I.41 la cual, a su vez, es el equivalente a la fórmula $A = \frac{1}{2}bh$ que usamos para calcular el área de un triángulo.

Como ya comentamos, la proposición I.44 es la que produce la cita anterior de Proclo. Supone, como hipótesis, que el lector dispone de un ángulo, un triángulo y una recta dados; la proposición afirma al lector la posibilidad de construir un paralelogramo cuya base sea la recta, que tenga un ángulo igual al dado y la misma área que el triángulo dado. Aplicado al caso particular de los rectángulos, este problema adquiere una dimensión aritmética, pues es equivalente al problema de dividir el producto de dos factores por un tercer número.

Reto 3.7

La proposición I.46 muestra cómo construir un cuadrado dado el lado del mismo. Es una proposición importante puesto que los problemas de área fueron planteados por los griegos en términos de comparación con un cuadrado. Por ejemplo, se dice que Arquímedes descubrió la igualdad

$$\int_0^1 x^2 dx = \frac{1}{3},$$

pero, colocada en su real contexto, esta afirmación debería decir que Arquímedes comprobó que la sección parabólica dentro del cuadrado –es decir la parte sombreada de la figura a la derecha– ocupa la tercera parte del mismo. Finalmente, ya sabemos que la proposición I.47 es el teorema de Pitágoras y la I.48 (la última del libro) es la recíproca de éste.

El segundo libro de los *Elementos* ha sido denominado "álgebra geométrica", por cuanto sus proposiciones, todas relativas a polígonos, pueden expresarse o bien como identidades o bien como ecuaciones algebraicas de segundo grado.

Reto 3.8

CAPÍTULO 3. LA GEOMETRÍA PITAGÓRICA

El libro comienza con dos definiciones, la segunda de las cuales corresponde al gnomon con el sentido geométrico que ya comentamos en la página 25, modificación del concepto del mismo nombre usado por los pitagóricos en relación a su teoría de números y que años después Herón definiría conectando ambas concepciones.

Para ver el espíritu del libro II vale la pena transcribir algunas de sus proposiciones.[31] Ya conocemos el caso de II.4 en la página 67, pero vayamos algo más adelante. Por ejemplo II.1 dice:

> Si hay dos rectas y una de ellas se corta en un número cualquiera de segmentos, el rectángulo comprendido por las dos rectas es igual a los rectángulos comprendidos por la (recta) no cortada y cada uno de los segmentos.

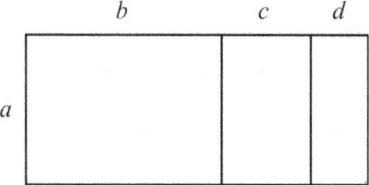

Figura 3.11: Proposición II.1: $a(b + c + d + \cdots) = ab + ac + ad + \cdots$

El dibujo euclidiano de apoyo a la demostración de esta proposición es el que vemos en la figura 3.11 y su interpretación algebraica no es otra cosa que la propiedad distributiva, es decir

$$a(b + c + d + \cdots) = ab + ac + ad + \cdots$$

La proposición II.5 dice:

> Si se corta una línea recta en (segmentos) iguales y desiguales, el rectángulo comprendido por los segmentos desiguales de la (recta) entera junto con el cuadrado de la (recta que está) entre los puntos de sección, es igual al cuadrado de la mitad.

La demostración de la proposición II.5 se apoya sobre un dibujo similar al de la figura 3.12 y su expresión algebraica es

$$ab + \left(\frac{a-b}{2}\right)^2 = \left(\frac{a+b}{2}\right)^2,$$

que, en la forma, es idéntica a la obtenida como interpretación del lema 1 a la proposición X.28 (ver página 79) con la cual Euclides produce su

3.5. APLICACIÓN DE ÁREAS

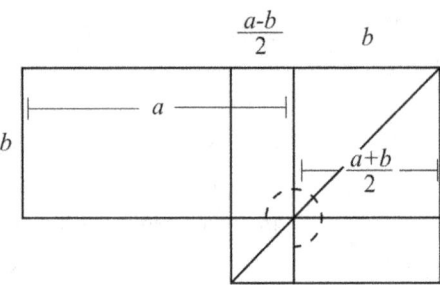

Figura 3.12: Proposición II.5: $ab + \left(\dfrac{a-b}{2}\right)^2 = \left(\dfrac{a+b}{2}\right)^2$.

fórmula de ternas pitagóricas. Los contextos, sin embargo, son distintos. La porción de circunferencia trazada con líneas punteadas identifica un gnomon que Euclides necesita para llevar a cabo su demostración.

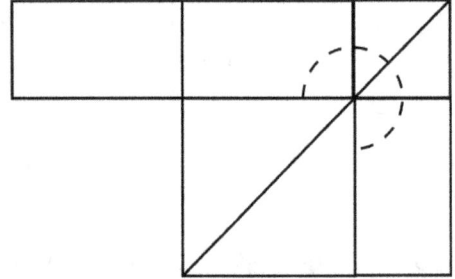

Figura 3.13: Proposición II.6: $(2a+b)b + a^2 = (a+b)^2$.

El contenido de la proposición II.6 es éste:

> Si se divide en dos partes iguales una línea recta y se le añade, en línea recta, otra recta, el rectángulo comprendido por la (recta) entera con la (recta) añadida y la (recta) añadida junto con el cuadrado de la mitad es igual al cuadrado de la (recta) compuesta por la mitad y la (recta) añadida.

y su interpretación geométrica es

$$(2a+b)b + a^2 = (a+b)^2.$$

Reto 3.9

Las proposiciones vistas hasta ahora han sido enunciadas en forma de teoremas y llevan asociadas consigo identidades algebraicas. Se produce

CAPÍTULO 3. LA GEOMETRÍA PITAGÓRICA

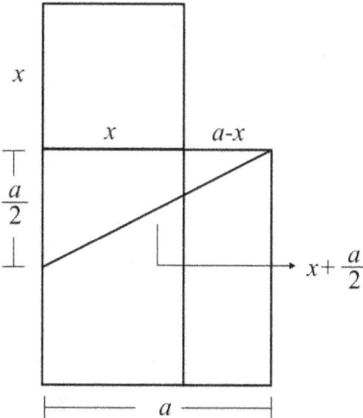

Figura 3.14: Proposición II.11: Resolver la ecuación $a(a - x) = x^2$.

una variante en la proposición II.11, la cual propone conseguir cierto punto situado sobre una recta y, en consecuencia, equivale a una ecuación (de hecho, una ecuación de segundo grado); se expresa así:

> Dividir una recta dada de manera que el rectángulo comprendido por la (recta) entera y uno de los segmentos sea igual al cuadrado del segmento restante.

Se basa en una gráfica como la de la figura 3.14 y la ecuación que la representa es

$$a(a - x) = x^2.$$

Reto 3.10

Las proposiciones II.12 y II.13 –que no reproduciremos– representan en su conjunto una generalización del teorema de Pitágoras a triángulos de cualquier tipo. Constituyen lo que hoy llamamos *teorema del coseno*. La última proposición del libro, la II.14, exige construir un cuadrado igual a un polígono cualquiera; es el equivalente geométrico al problema algebraico de la extracción de la raíz cuadrada de un número positivo.

Aplicación de áreas por defecto y por exceso

Las construcciones planteadas en las proposiciones VI.27 a VI.29 pertenecen a este grupo. Desde un punto de vista histórico tuvieron gran importancia, por cuanto el propio Euclides las utilizó para el desarrollo del décimo libro de los *Elementos*, pero también Apolonio sustentó su teoría de la secciones cónicas en estos estudios.

3.5. APLICACIÓN DE ÁREAS

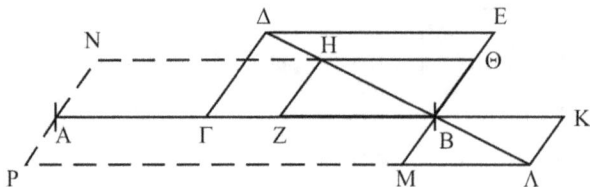

Figura 3.15: Aplicación de áreas por defecto y por exceso.

La figura 3.15 ilustra los dos tipos de problemas que, en general, consisten en lo siguiente. Se tiene una recta AB y se selecciona un punto cualquiera Γ en ella, a partir del cual se construye el paralelogramo ΓBEΔ o simplemente BΔ.[32] El siguiente paso es la selección de un paralelogramo semejante a éste y *situado de manera semejante*, lo cual significa que comparten la diagonal que pasa por B. Este último paralelogramo podría tener su segundo vértice sobre la diagonal en cualquier punto de ella, incluso extendiéndola en cualquiera de sus dos direcciones.

En la figura hemos representado dos de estos paralelogramos: BH y BΛ; finalmente se construye el paralelogramo AΘ o el AΛ. Pues bien, a BH se le llama *defecto* de AH respecto a la recta AB, mientras que a BΛ se le llama *exceso* de AM respecto a la recta AB. Otra terminología usada es: AH es *deficiente* (ἔλλειψις, elleipsis) y AΛ es *excesivo* (ὑπερβολή, hipérbole) respecto a la recta AB.

La proposición VI.27 establece que de todos los paralelogramos deficientes respecto a una recta dada AB el mayor es el que se construye sobre la mitad de la recta. La demostración geométrica de Euclides, basada en el gnomon, es hermosa, pero nosotros estamos más interesados en el aspecto algebraico del asunto. Ahora bien, partiendo de la observación de que todos los paralelogramos con la misma base e igual altura tienen la misma área, podemos reducir el problema al caso particular de los rectángulos sin perder generalidad, lo cual nos excusa de la trigonometría involucrada. Usaremos entonces la figura 3.16.

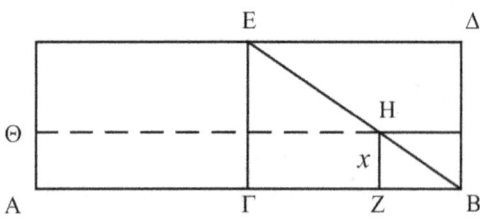

Figura 3.16: Proposición VI.27: el máximo paralelogramo deficiente.

En dicha figura, Γ es el punto medio de AB, ΓBΔE es un paralelogramo construido sobre ΓB y BH es un paralelogramo semejante a BE y situado de manera semejante. Por otra parte AH es un paralelogramo deficiente respecto a AB y su defecto es BH. Supongamos que

$$a = \text{AB}, \quad r = \frac{\Gamma \text{B}}{\text{E}\Gamma} \quad \text{y} \quad x = \text{ZH};$$

entonces

$$\frac{\text{ZB}}{x} = r \quad \text{o} \quad \text{ZB} = rx.$$

Ahora bien, si S es el área del paralelogramo AH, se cumple que

$$S = (a - rx)x,$$

es decir

$$ax - rx^2 = S,$$

una ecuación de segundo grado.

Haciendo el análisis del discriminante se concluye que, para que la ecuación tenga raíces reales, debe cumplirse que $S \leq \dfrac{a^2}{4r}$, pero el lado derecho de esta desigualdad es el valor del área del rectángulo de base AΓ, lo cual muestra la justeza del planteamiento euclidiano.

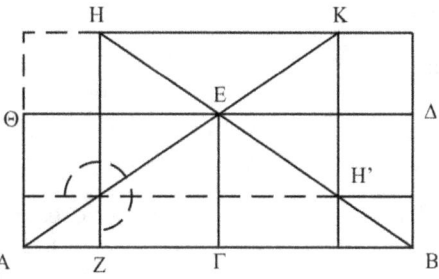

Figura 3.17: Proposición VI.27: soluciones en la prolongación de la diagonal.

Euclides no parece considerar las soluciones geométricas en la extensión de la diagonal BE por el lado de E. Sin embargo, tal como se muestra en la figura 3.17, éstas se obtienen mediante una consideración de simetría observando que los puntos H′ tales que EH′ = EH producen un rectángulo AH′ que tiene la misma área del rectángulo AH. La clave de la demostración está en la proposición I.43. Por supuesto, para que el problema tenga sentido, la paralela a BΔ por H no debe conseguir a la recta AB por su prolongación del lado de A.

87

3.5. APLICACIÓN DE ÁREAS

La proposición VI.28 se plantea construir un paralelogramo deficiente en un área dada; es un problema ἔλλειψις. Algebraicamente esto significa resolver la ecuación $ax - rx^2 = S$ para un valor específico de S. La proposición contiene en su propio enunciado la restricción establecida en VI.27, esto es $S \leq \dfrac{a^2}{4r}$. Tal limitación, en el lenguaje de los *Elementos* se conoce como διορισμός, *diorismos*.[33] La propuesta gráfica de Euclides en la demostración de la proposición significa el cálculo de la raíz correspondiente al signo negativo del discriminante de la ecuación de segundo grado. De nuevo, la otra raíz proviene de una consideración de simetría similar a la considerada anteriormente.

La proposición VI.29 apunta a construir un paralelogramo de igual área que un polígono dado, pero con un excedente sobre una recta dada. Se trata de un problema ὑπερβολή, *hiperbolé* que corresponde a una ecuación de segundo grado de la forma

$$ax + rx^2 = S.$$

En este caso no hay διορισμός puesto que geométricamente no existe ninguna restricción. La solución que Euclides propone corresponde al sigo positivo delante del discriminante, esto es

$$x = \frac{1}{2r}\left(\sqrt{a^2 + 4rS} - a\right),$$

única posible, pues la otra correspondería a un número negativo que no tiene interpretación respecto al problema planteado.

Los casos particulares de las dos proposiciones anteriores, en las que el paralelogramo error (el defecto o el exceso) es un cuadrado, fueron estudiados con mucha antelación a Euclides. Estamos hablando de las ecuaciones

$$ax \mp x^2 = b^2,$$

la primera de las cuales parece haber sido resuelta por los pitagóricos, mientras que la segunda lo fue por Hipócrates. El método de solución, sin embargo, no estuvo basado en un procedimiento similar a las demostraciones euclidianas, sino más bien en lo establecido en las proposiciones II.5 y II.6. No hay dudas de que la proposición II.11 es de origen pitagórico, lo que es similar a decir que éstos habían resuelto la ecuación $a^2 - ax = x^2$. Heath proporciona los detalles.[34]

3.6 Los sólidos platónicos

Proclo afirmó que el objetivo último de los *Elementos* eran los cinco poliedros regulares. En efecto, en la segunda parte del prólogo al *Comentario* dice:[35]

> Euclides aceptó las razones de Platón y compartió con comodidad su filosofía; por eso pensó que los *Elementos*, como un todo, debían apuntar en lo fundamental a la construcción de las así llamadas figuras platónicas.

Estas llamadas "figuras platónicas" o "sólidos platónicos" son los poliedros regulares, esto es, poliedros cuyas caras son todos polígonos regulares congruentes. Solo cabe encontrar cinco, como demostró el pro-

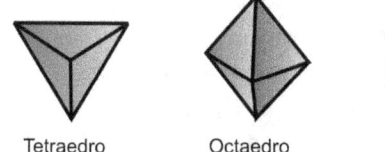
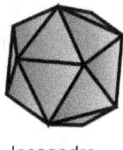

Tetraedro Octaedro Icosaedro Cubo Dodecaedro

Figura 3.18: Los cinco sólidos platónicos.

pio Euclides y son los que vemos en la figura 3.18: los tres primeros (tetraedro o pirámide, octaedro e icosaedro) se forman con 4, 8 y 20 triángulos equiláteros respectivamente; el siguiente (cubo) se forma por 6 caras cuadradas y el último (dodecaedro) por 12 caras pentagonales.

Reto 3.11

El lector que aborda los retos planteados conseguirá del reto anterior el recuerdo de la demostración seguida en el reto 3.2 de este mismo capítulo: ambos usan álgebra para resolver un problema geométrico. Sin embargo, es del todo descartable que los pitagóricos pudieran haber seguido un procedimiento como éste: la demostración de Euclides se basa en propiedades de las figuras geométricas involucradas.[36] En efecto, el último libro de los *Elementos* (el XIII) está destinado a la construcción de estas figuras; sus proposiciones 13 a 17 muestran dichas construcciones y la proposición 18 (última del libro) compara los tamaños de las aristas de estos poliedros cuando son construidos dentro de una misma esfera circunscrita. El broche de oro lo constituye la afirmación –que ni siquiera es presentada como una proposición del cuerpo del libro– de que solo existen estas cinco clases de poliedros regulares.

3.6. LOS SÓLIDOS PLATÓNICOS

Sin embargo, los *Elementos* representan una labor de compilación y ordenamiento teórico del saber matemático acumulado hasta la época en que Euclides emprende su escritura. (Solo deja fuera la teoría de secciones cónicas, a la que dedica un libro aparte, hoy perdido.) Por esta razón, luce exagerado el comentario anterior de Proclo. Aparte de esto, Euclides es el tipo de escritor matemático que limita su escritura al aspecto estrictamente técnico, sin incluir ningún tipo de comentarios subjetivos. Esto, por supuesto, no desdice del enorme valor pedagógico que tuvo su obra, vigente durante tantos siglos, pero hace difícil una interpretación de intenciones que vaya más allá del alcance de lo escrito.

¿Por qué estos sólidos han sido asociados de esta manera a Platón y qué papel juega el pitagorismo en esto? La clave para la respuesta está en el diálogo *Timeo o de la Naturaleza*, en el cual Platón expone su particular teoría físico–química del Universo, conformado éste por cuatro elementos fundamentales: tierra, aire, fuego y agua; idea que Platón tomó de Empédocles. El aporte de Platón a la idea fue considerar que estos elementos se constituían por átomos de materia, infinitamente pequeños, que tenían la forma de los sólidos platónicos: la tierra, el cubo; el fuego, el tetraedro; el aire, el octaedro y el agua, el icosaedro. El quinto sólido, el dodecaedro, sería un borrador del plano del Universo.

Estas ideas fueron reforzadas años después por el pitagórico Filolao, quien afirmó:[37]

> Hay cinco cuerpos en la esfera: fuego, agua, tierra, aire y el círculo de la esfera que hace el quinto.

En el diálogo que comentamos, las afirmaciones anteriores las pone Platón en la boca de Timeo, nativo de Locrida, personaje que perteneció a la secta de los pitagóricos.[38] Vale la pena comentar la forma en que Timeo describe la construcción de los primeros cuatro sólidos regulares; es difícil no asociar esta construcción con la teoría de los polígonos que llenan el plano alrededor de un punto tal como vimos en la página 63. La base de la construcción son dos tipos de triángulos rectángulos: el que tiene su hipotenusa doble del cateto menor (triángulo 30–60–90, la mitad de un triángulo equilátero) –declarado por Platón el más bello de los triángulos– y el isorrectángulo. Pero leamos a Timeo tal como lo vertió Platón:[39]

CAPÍTULO 3. LA GEOMETRÍA PITAGÓRICA

Para continuar nuestro discurso tenemos que explicar ahora cómo y por el concurso de qué números está formado cada género.

Empecemos por el primero cuya composición es la más sencilla y tiene por elemento el triángulo cuya hipotenusa es doble del cateto menor.

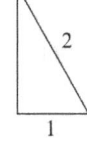

Aproximad dos de estos triángulos siguiendo la diagonal, repetid tres veces esta operación...

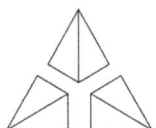

... de manera que todas las diagonales y todos los catetos menores concurran en un mismo punto que les sirva de centro común y tendréis un triángulo equilateral formado por seis triángulos particulares.

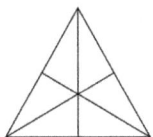

91

3.6. LOS SÓLIDOS PLATÓNICOS

Cuatro de estos triángulos equiláteros por la reunión de tres ángulos planos forman un ángulo sólido cuya magnitud aventaja a la del ángulo plano más obtuso, y cuatro de estos nuevos ángulos componen reunidos la primera especie de sólido que divide en partes iguales y semejantes a la esfera en que está inscrito.

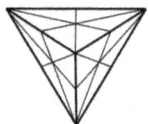

El segundo sólido se compone de los mismos triángulos reunidos en ocho triángulos equiláteros formando un ángulo sólido de cuatro ángulos planos; seis de estos ángulos constituyen este segundo cuerpo.

El tercer sólido está formado de ciento veinte triángulos elementales, de doce ángulos sólidos rodeados cada uno de cinco triángulos equiláteros con veinte triágulos equiláteros por base. Este elemento no debe producir otros sólidos.

Al triángulo isósceles es al que le pertenece el engendrar la cuarta especie de cuerpos.

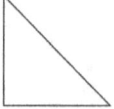

CAPÍTULO 3. LA GEOMETRÍA PITAGÓRICA

Cuatro de estos triángulos isósceles fueron juntados, los cuatro ángulos rectos unidos en un tetrágono regular; ...

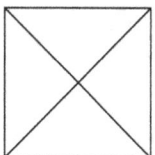

... seis de estos tetrágonos equiláteros fueron aproximados de manera que formasen ocho ángulos sólidos compuestos cada uno de tres ángulos planos rectos, y la figura obtenida fue el cubo, que tiene por base seis cuadrados.

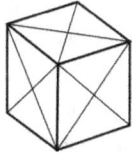

Quedaba una quinta combinación, de la que Dios se sirvió para trazar el plano del universo.

La exposición platónica anterior es sustancialmente distinta de la euclidiana; ésta última es rigurosa en grado máximo, lo que hace difícil pensar que el pitagorismo pudiera haber desarrollado una teoría de los poliedros regulares correspondiente a este avance teórico. Quizás Platón reproduce la construcción tal como la presentó el pitagorismo. En cualquier caso, la observación de estos sólidos tiene evidentes antecedentes físicos en otras civilizaciones, como la egipcia, por ejemplo: el tetraedro y el octaedro son formas piramidales; el cubo, por su parte, destaca por su sencillez y simetría. Heath observa que el autor de un escolio al libro XIII de los *Elementos* hace la observación de que los "sólidos platónicos" no son idea de Platón sino de los pitagóricos –que observaron la pirámide, el cubo y el dodecaedro– y de Teetetes –que estudió el octaedro y el icosaedro.[40]

Sea como fuere, la exposición platónica no incluye la construcción del dodecaedro, pues éste –formado por caras pentagonales– no puede armarse con los triángulos elementales a los que alude Platón: el 30–60–90 y el isorrectángulo. Es cierto: se puede hacer una descomposición del pentágono en treinta triángulos elementales dibujando diagonales y per-

3.6. LOS SÓLIDOS PLATÓNICOS

pendiculares de vértice a lado opuesto; pero estos triángulos son de naturaleza distinta a los anteriormente comentados. Por otra parte, es posible observar el pentágono regular en el icosaedro: basta considerar uno de sus ángulos sólidos, formados por cinco triángulos equiláteros: las bases de estos triángulos constituyen el pentágono regular.

En todo caso, hay pocas dudas de que el estudio del pentágono fue abordado por los pitagóricos. Un famoso pasaje de Iámblico dice:[41]

> Respecto a Hipaso, sin embargo, fue reconocido como uno de los pitagóricos, pero consiguió la sentencia a los impíos en el mar, a consecuencia de haber divulgado y explicado la manera de formar una esfera a partir de doce pentágonos; no obstante [injustamente] obtuvo el mérito del descubrimiento. A pesar de ello, en la realidad, esto, como todo lo concerniente a geometría, fue la invención de *el hombre*, tal como ellos se referían a Pitágoras.

lo cual hace pensar que Hipaso pudo haber completado el estudio de estos sólidos iniciado por Teetetes. Las acusaciones en su contra podrían provenir del celo de los acusmáticos en relación a la memoria del maestro.

El estudio del pentágono está asociado a un triángulo isósceles particular: aquel cuyos ángulos de la base son cada uno doble del ángulo restante. De hecho, cuando uno de estos triángulos está inscrito en una circunferencia, la base del triángulo es el lado del pentágono regular inscrito.

Reto 3.12

En la proposición IV.10 Euclides muestra cómo construir el triángulo anterior. Para ello necesita la proposición II.11 (ver página 85), lo que significa que en esta construcción está involucrada la ecuación de segundo grado definida por la proporción áurea:

$$\frac{a}{x} = \frac{x}{a-x}.$$

A continuación, la proposición IV.11 construye el pentágono dentro de una circunferencia inscribiendo el triángulo comentado y usando su base como lado, lo que obliga a Euclides a justificar la elección con algunas construcciones adicionales como bisecciones de ángulos. Algunos críticos comentan que en la prueba de IV.10 aparece con bastante evidencia el lado del decágono inscrito, lo que hace a IV.11 antinatural, pues del decágono se obtiene el pentágono trivialmente.

Sin embargo, en la construcción del pentágono mostrada en IV.11 Euclides usa la ilustración a la izquierda de la figura 3.19 que, salvo por el trazo de una diagonal, reproduce el *pentagrama* o estrella pentagonal que vemos a la derecha de la misma figura. Esta estrella, tal como

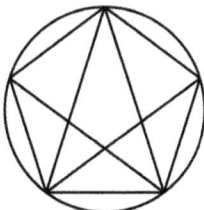 

Figura 3.19: Proposición IV.11: el dibujo de Euclides y el pentagrama pitagórico.

comenta Heath, fue asociada a la escuela por Luciano y por el escoliasta a las *Nubes* de Aristófanes.[42] Según estos personajes, la estrella de cinco puntas era un símbolo de reconocimiento entre los integrantes de la escuela y la llamaban *Salud*. Esto es un indicio importante de que la construcción del pentágono en IV.11 es pitagórica en su integridad. Después de todo, un escolio a Euclides, recogido por Heiberg, dice que el libro IV en su totalidad es obra pitagórica.[43]

La estrella pitagórica está asociada también a uno de los más sublimes errores del pitagorismo: ése que dio origen al nacimiento de la teoría de los inconmensurables o irracionales. De ello trataremos en la sección 4.2.

Retos del capítulo 3

Reto 3.1 Demuestra las afirmaciones del párrafo anterior a la llamada de este reto.

Reto 3.2

(a) Si m polígonos regulares de n lados llenan el plano alrededor de un punto, demuestra que

$$\frac{2n-4}{n}m = 4.$$

(b) Demuestra que la ecuación anterior es equivalente a $(m-2)(n-2) = 4$.

3.6. LOS SÓLIDOS PLATÓNICOS

(c) Demuestra que las únicas *soluciones en números naturales* a la ecuación anterior son:

$$m = 3, \quad n = 6$$

$$m = 4, \quad n = 4$$

$$m = 6, \quad n = 3$$

(d) Demuestra que el resultado anterior es la conclusión del teorema que Proclo asignó a los pitagóricos.

Reto 3.3 Dado un triángulo rectángulo construye –separadamente– sobre sus tres lados:

(a) Rectángulos semejantes; esto es, rectángulos cuyos lados son proporcionales.

(b) Triángulos semejantes.

(c) Semicírculos.

Demuestra que, en cada caso, el área de la figura construida sobre la hipotenusa es la suma de las áreas de las figuras construidas sobre los catetos. ¿Cómo podrían generalizarse estos resultados desde un punto de vista moderno usando, por ejemplo, funciones continuas?

Reto 3.4 Sean ABC, $A_1B_1C_1$ y $A_2B_2C_2$ tres triángulos semejantes con áreas respectivas $\mathcal{A}$, $\mathcal{A}_1$ y $\mathcal{A}_2$, de forma que $\mathcal{A} = \mathcal{A}_1 + \mathcal{A}_2$. Construyamos sobre los lados correspondientes AB, A_1B_1 y A_2B_2 sendos polígonos semejantes entre sí de áreas respectivas $\mathcal{S}$, $\mathcal{S}_1$ y $\mathcal{S}_2$. Demuestra que $\mathcal{S} = \mathcal{S}_1 + \mathcal{S}_2$.

Reto 3.5 Demuestra que la ecuación $16l^4 - 25l^2 + 9 = 0$ es válida para uno de los lados del rectángulo cuya área mide $3/4$ y su diagonal $5/4$.

Reto 3.6 Muestra la validez de las fórmulas

$$c = \sqrt{d^2 - (d-2s)^2} \quad y \quad s = \frac{1}{2}\left(d - \sqrt{d^2 - c^2}\right).$$

Observa la necesidad del teorema de Pitágoras en su deducción.

CAPÍTULO 3. LA GEOMETRÍA PITAGÓRICA

Reto 3.7 Interpreta el párrafo anterior a la llamada a este reto, tomando en cuenta que para los griegos el producto de dos números es un rectángulo.

Reto 3.8 En tu opinión: ¿qué produce la limitación al segundo grado? ¿Bajo qué condiciones pudieran haber llegado al tercer grado? ¿Y a grados superiores?

Reto 3.9 La proposición II.6 se apoya en una figura como la 3.13. Identifica en ella los segmentos correspondientes a las variables de la expresión algebraica dada. ¿Qué piezas del "rompecabezas" habría que reorganizar (al estilo de las figuras 3.6 de la página 68 o 3.9 de la página 73) para demostrar la proposición? ¿Y en la figura 3.12?

Reto 3.10

(a) Si la longitud de los segmentos es la que se indica en la figura 3.14, demuestra que satisfacen la igualdad

$$a(a-x) = x^2.$$

(b) A partir de la igualdad anterior demuestra la proporción

$$\frac{a}{x} = \frac{x}{a-x}.$$

Observa que esta proporción significa que el segmento de longitud a se dividió en dos partes distintas, de forma que todo el segmento es a la parte mayor como la parte mayor es a la menor. Cuando se separa un segmento cualquiera de esta misma forma se dice que se ha dividido en la *razón áurea* y la proporción anterior se conoce como *proporción áurea*. Tendremos oportunidad de volver a ellas en la sección 4.2 de la página 111.

(c) Utiliza el dibujo de la figura 3.14 (página 85) para describir un procedimiento que te permita dividir un segmento cualquiera en razón áurea.

Reto 3.11 El suizo Leonhard Euler (1707–1783) descubrió que en todo poliedro convexo se cumple la bella ecuación

$$C + V = A + 2,$$

donde C, V y A representan, respectivamente, el número de caras, vértices y aristas del poliedro. Un poliedro regular es convexo. Supón un poliedro regular cuyas caras son polígonos regulares de n lados.

(a) Demuestra la relación $C = \dfrac{2A}{n}$.

(b) Sea a el número (constante) de aristas que salen de cada vértice del poliedro. Demuestra que $V = \dfrac{2A}{a}$.

(c) Demuestra que las dos fórmulas anteriores y la fórmula de Euler conducen a la ecuación
$$\frac{1}{a} + \frac{1}{n} = \frac{1}{2} + \frac{1}{A}.$$

(d) Demuestra que las únicas soluciones posibles a la ecuación anterior son
$$\begin{aligned} n &= 3, & a &= 3; \\ n &= 3, & a &= 4; \\ n &= 3, & a &= 5; \\ n &= 4, & a &= 3; \\ n &= 5, & a &= 3. \end{aligned}$$

(e) Demuestra que las soluciones numéricas anteriores corresponden, respectivamente, a los sólidos de la figura 3.18.

Reto 3.12 Demuestra esta afirmación relativa al pentágono.

Notas y referencias bibliográficas del capítulo 3

[1] [Pro70, p. 298]

[2] [Ari00, p. 418]. Subrayados nuestros. D. J.

[3] Mencionado por Heath, [Euc56, Vol. 1, p. 321].

[4] Este problema se conoce actualmente como *teselación* del plano y pertenece a la teoría de grupos. Importantes aportes al mismo han hecho el físico Roger Penrose y el matemático John Conway. Asimismo, la obra artística del pintor Maurits Cornelius Escher (amigo personal de Penrose) está invadida del tema de las teselaciones. El teorema de las teselaciones por polígonos regulares también se llama *teorema de Képler*.

[5] [Pro70, p. 238]. Traducción de D. J.

[6] [Euc91, Vol. 1, pp. 260–262].

NOTAS Y REFERENCIAS BIBLIOGRÁFICAS DEL CAPÍTULO 3

[7] [Pro70, p. 337]. Traducción de D. J.

[8] [Euc56, Vol. 1, p. 351].

[9] [JRNC68, Vol. 1, p. 117].

[10] [Pro70, p. 332].

[11] Esto es: la demostración de la irracionalidad de $\sqrt{2}$.

[12] [Euc91, Vol. 1, p. 270].

[13] [Euc56, Vol. 1, p. 355].

[14] Tal como se demuestra en el reto 1.12 de la página 35.

[15] En realidad, a esta conclusión la apoya la solución del reto 3.4. En todo caso, lo importante es que la semejanza de las figuras es el argumento principal para llegar a la conclusión sobre la suma de las áreas, pero la semejanza implica proporcionalidad y éste fue el problema más arduo para los pitagóricos.

[16] La penúltima del primer libro; la última es la recíproca de este teorema.

[17] [FJSE94, pp. 111–112, 118].

[18] Recordemos de la página 44 que los babilonios usaban la notación posicional sexagesimal.

[19] [FJSE94, pp. 319–337].

[20] [Euc56, Vol. 1, pp. 360 ss.].

[21] [Pro70, p. 340]

[22] [Euc56, Vol. 1, p. 357].

[23] Para un breve recuento de las venturas y desventuras de este concepto, puede leerse el comentario de Heath [Euc56, Vol. 2, p. 293] a la definición VII.21. La traducción al español de Puertas Castaño [Euc91, Vol. 2, p. 118] la presenta como definición VII.22.

[24] [Euc56, Vol. 3, p.63] o [Euc91, Vol. 3, p.51].

[25] No la llama de esta manera. Euclides no hace ninguna alusión a Pitágoras ni a ninguno de los pensadores que lo precedieron. El lector no debe suponer mezquindad, la obra de Euclides es estrictamente técnica.

[26] Una breve descripción de la historia del teorema y su demostración puede conseguirse en [Jim01, pp. 86–93]. Para una visión algo más extensa y detallada puede leerse el excelente trabajo de Singh, [Sin99].

[27] [JRNC68, Vol. 1, p. 117].

[28] [Pro70, p. 332].

[29] Traducción de D. J. Los términos en griego aparecen en el texto traducido.

[30] En el contexto griego clásico, la palabra *recta* equivale a lo que llamamos *segmento*. Su carácter de ilimitado es potencial, en tanto proviene de la posibilidad de extenderla en cualquiera de sus dos direcciones.

[31] Recordemos que las transcripciones las hacemos de la referencia [Euc91]. El libro II abarca de la página 265 a la 289 del primer volumen.

[32] En lo que sigue usaremos la costumbre de Euclides de referirse a un paralelogramo por los extremos de una de sus diagonales.

NOTAS Y REFERENCIAS BIBLIOGRÁFICAS DEL CAPÍTULO 3

[33] Según Proclo [Pro70, p. 55] el διορισμός fue descubierto por León; personaje cuya única referencia histórica es precisamente ésta.

[34] [Euc56, Vol. 1, pp. 382–388]).

[35] [Pro70, p. 57]. Traducción de D. J.

[36] [Euc56, Vol. 3, p. 507] o [Euc91, Vol. 3, p. 355].

[37] [Gut88, p. 174]. Traducción de D. J.

[38] [Pla96, p. 663].

[39] [Pla96, pp. 690–691].

[40] [Euc56, Vol. 3, p. 430].

[41] [Gut88, p. 79]. Traducción de D. J. Subrayado en el texto original.

[42] [Euc56, Vol. 2, p. 99].

[43] [Euc56, Vol. 2, p. 97].

Capítulo 4
La aritmética superior de los pitagóricos

Es posible que el descubrimiento de los irracionales haya sido la primera revolución científica de la historia. A partir de sus experimentos musicales, el pitagorismo había levantado una bella estructura teórica sustentada sobre el número como principio rector del κόσμος, que no era otra cosa que armonía numérica coordinada según el ritmo que marcaban las esferas cósmicas, ritmo al que se denominó *música o armonía de las esferas*, audible solo para algunos privilegiados o quizás solo por *el hombre*, como reverencialmente se conoció a Pitágoras dentro de la hermandad. Los segmentos inconmensurables, al no ceder ante el dominio del número, rompieron esta hermosa armonía. Sin embargo, lejos de tratar de esconder el polvo bajo la alfombra o caer en profundas depresiones, los pitagóricos aceptaron a los intrusos destructores y decidieron andar con ellos, no como quien carga una piedra en el zapato, sino con la entereza suficiente para invitarlos a rendir sus secretos. Los esfuerzos en esta dirección enriquecieron la matemática con tesoros cuya belleza no desdecía en absoluto de aquella a la que se suponía que afrentaban.

4.1
Logos frente a álogos

Retomemos la idea pitagórica original: *Todo es número*. Para los propios pitagóricos esta idea tenía un sentido tan profundo que adquiría características sagradas. Mirándolo de esta manera, Pitágoras viene a ser el predecesor original de Leopold Kronecker, el matemático que afirmó: "Dios creó los números naturales, lo demás lo hizo el Hombre", porque –tal como vimos en el capítulo 1– cuando un pitagórico hablaba de *número* lo que tenía en mente específicamente era algo muy parecido a lo que hoy llamamos *número natural*; las variantes de la idea ya las hemos estudiado en ese mismo capítulo.

Recordemos al menos las definiciones VII.1 y VII.2.[1] La primera dice "Una unidad es aquello en virtud de lo cual cada una de las cosas que hay es llamada una" y la segunda afirma "Un número es una pluralidad compuesta de unidades". Lo dicho: son lo suficientemente restrictivas para separar el concepto de unidad del concepto mismo de número: *una unidad no es un número, es el ente que constituye a los números*.

La visión pitagórica del número como la sustancia constitutiva del Universo, condujo a otra creencia que juega un papel importante en el desarrollo del tema que nos ocupa: *la absoluta conmensurabilidad de los*

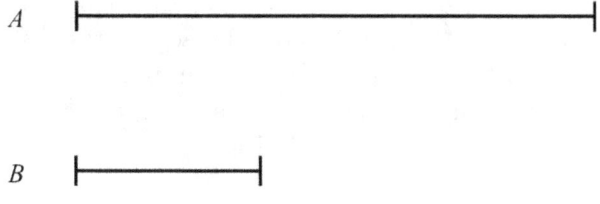

Figura 4.1: ¿Tienen A y B medida común?

segmentos, es decir la existencia de *medida común* para dos segmentos distintos cualesquiera, como por ejemplo los segmentos A y B de la figura

4.1. LOGOS FRENTE A ÁLOGOS

4.1. ¿Qué quiere decir que ellos dos tienen una medida común?

En primer lugar obsérvese que el segmento B es de menor tamaño que el segmento A, por lo cual (ver figura 4.2) podemos incluir el primero dentro de éste tantas veces como quepa. Este caso particular muestra que B cabe dos veces dentro de A, pero deja un restante: un pequeño segmento C que, como es natural, es menor que B. Podemos, por lo

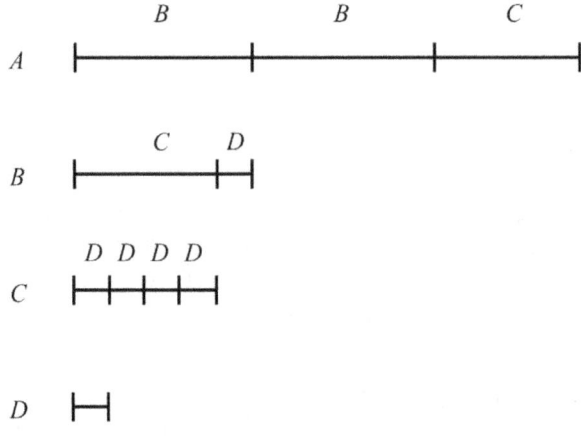

Figura 4.2: A y B están en la razón $14:5$

tanto, incluir a C dentro de B, tantas veces como quepa (en este caso, una) lo que deja un remanente, un segmento D menor que C. Repetimos el procedimiento colocando D dentro de C las veces que sea posible (en este caso, cuatro) y vemos que ya no queda remanente ninguno. En consecuencia, el segmento D es medida común de los segmentos A y B pues está contenido un número entero de veces en cada uno de ellos: 14 veces en el primero y 5 en el segundo.

Construcciones como la anterior condujeron a dos conceptos de importancia fundamental para la matemática clásica griega: los conceptos de *razón* (λόγος, logos) y *proporción* (ἀνάλογον, análogon), cuyo estudio comenzamos en la sección 1.6.[2] Así, concebimos a los segmentos A y B en una razón, pero esta razón es idéntica a la que hay entre los números 14 y 5, por lo que hay una proporción que se expresa en la forma "A es a B como 14 es a 5". (Una forma simbólica clásica de expresar la idea es $A:B::14:5$.)[3]

En un principio, los pitagóricos estaban seguros de la posibilidad de este procedimiento independientemente de los segmentos en cuestión; es decir, sin importar cuántos pasos fuera necesario dar, dos segmentos cualesquiera siempre se rendirían a una medida común, lo que permitiría establecer con ellos una proporción expresable al final como razón de

CAPÍTULO 4. LA ARITMÉTICA SUPERIOR DE LOS PITAGÓRICOS

números enteros.

Ahora bien, el teorema de Pitágoras conduce con facilidad a una importante proporción: *el cuadrado construido sobre la diagonal de un cuadrado es al cuadrado original como 2 es a 1*. Esta proporción trae como consecuencia inmediata una interrogante: ¿cuál es la proporción que se establece al comparar la diagonal del cuadrado y el lado del mismo?

La respuesta demolió la convicción pitagórica de la conmensurabilidad de los segmentos: *ambos segmentos resultaron ser inconmensurables, no era posible conseguir un segmento medida común para ellos*. A la distancia resulta difícil valorar la magnitud de un descubrimiento de esta naturaleza, pero cuando una visión epistemológica –e incluso ontológica– se sustenta sobre un supuesto determinado, la ruptura con ese supuesto significa en consecuencia un cambio de visión, vale decir, una revolución del pensamiento. Tendremos oportunidad de ver como este cambio se manifiesta en la redacción de los *Elementos* pero, por ahora, nos concentraremos en el descubrimiento mismo.

¿Qué ha llevado a los historiadores de la matemática a pensar que la inconmensurabilidad fue un descubrimiento pitagórico? Hay varias pistas que conducen a esta conclusión. En primer lugar, no olvidemos que Proclo asigna a los pitagóricos el descubrimiento de los irracionales. Sin embargo, hay en esta asignacción un punto de polémica. Las traducciones de Proclo toman como base la versión griega de Friedlein y, en el párrafo en cuestión, éste usa el término ἀλόγον, pero otros autores consideran que el término correcto debió ser ἀναλόγων o una variante de éste que, más que apuntar a la no existencia de razón se orientaba hacia la proporción; es decir, antes que una teoría de los irracionales, lo que Proclo asignaba a los pitagóricos era una teoría de las proporciones.

Por otra parte, un escolio al libro X afirma que el descubrimiento de los inconmensurables es obra pitagórica,[4] surgida de sus investigaciones acerca de los números, añadiendo que un pitagórico pereció en un naufragio por hacer público este conocimiento. (Recuérdese que también hemos leído anécdota similar –contada por Iámblico– respecto a Hipaso y el dodecaedro en la página 94.) Sin embargo, el escoliasta adelanta la hipótesis de que esta historia pudiera más bien ser una alegoría.

En este mismo sentido, una omisión platónica parece apuntar a que el descubrimiento fue específicamente la raíz cuadrada de dos; esto es, la inconmensurabilidad de la diagonal del cuadrado con su lado. En efecto, en el diálogo *Teetetes o De la Ciencia*, Platón hace decir a Teetetes:[5]

> Teodoro nos enseñaba algún cálculo sobre las raíces de los números, demostrándonos que las de tres y de cinco no son conmensurables

4.1. LOGOS FRENTE A ÁLOGOS

en longitud con la de uno, y en seguida, continuó así hasta la de diez y siete, en la que se detuvo. Juzgando, pues, que las raíces eran infinitas en número, nos vino al pensamiento intentar el comprenderlas bajo un solo nombre que conviene a todas.

procediendo luego este mismo personaje a hacer una clasificación de los números en cuadrados y oblongos, observando que los primeros admiten raíz, mientras que los segundos conducen a la inconmensurabilidad. Pero, ¿qué hace que Teetetes inicie su lista de irracionales a partir de la raíz de tres y no de la raíz de dos? La respuesta pudiera ser que ya Teodoro tenía este conocimiento por sabido y que su propia investigación comienza justamente por la raíz de tres. Sin embargo, la cota superior de 17 sigue siendo una pregunta en relación a este asunto. (Por extraño que parezca, podría tener alguna relación con la figura 4.3.)

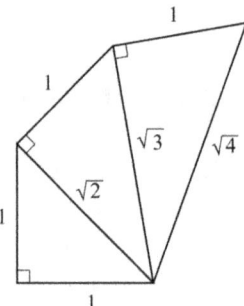

Figura 4.3: Generación geométrica de las raíces cuadradas consecutivas.

Reto 4.1

Además vale la pena recordar que el pitagorismo tenía una fórmula de cálculo de ternas pitágoricas (ver página 76), por lo cual es difícil pensar que no se hayan planteado el problema inverso, apuntando hacia los triángulos rectángulos con catetos de longitud entera cuya hipotenusa no lo fuera. Por fuerza, el isorrectángulo hubo de ser objeto de sus reflexiones.

El hermetismo pitagórico nos dificulta el conocimiento preciso de la demostración que de este hecho realizó la escuela. Sin embargo, algo tenemos para conjeturarla. Por ejemplo, en *Primeros analíticos*, Aristóteles afirma:[6]

... todos los silogismos que demuestran por medio del absurdo, concluyen lo falso por medio del silogismo; pero demuestran el dato

CAPÍTULO 4. LA ARITMÉTICA SUPERIOR DE LOS PITAGÓRICOS

inicial por hipótesis, probando que encierra un absurdo la suposición de la contradictoria. He aquí un ejemplo: *se prueba que el diámetro es inconmensurable, porque si se le supusiera conmensurable, se seguiría que el par es igual al impar. Se concluye, pues, por silogismo, que el impar debería ser igual al par, y no se demuestra entonces sino por hipótesis, que el diámetro es inconmensurable, porque la contradicción de esto conduce a un error evidente.*

La cita es interesante en tanto contiene más de lo que esperábamos: la demostración de la inconmensurabilidad se realizó por reducción al absurdo, técnica de demostración que el propio Aristóteles describe en el texto. Pero, ¿cómo se expresó tal demostración? Es difícil decirlo con precisión. De hecho, dentro del marco teórico que se conforma en los *Elementos* de Euclides sería un corolario de proposiciones de mayor generalidad, como por ejemplo la proposición X.9. Ésta contiene varios casos, el último de los cuales dice:[7]

> ... los cuadrados que no guardan entre sí la razón que un número cuadrado guarda con un número cuadrado tampoco tendrán los lados conmensurables en longitud.

Sin embargo, existe una proposición, la X.117, que contiene una demostración concordante con los comentarios aristotélicos anteriores. Esta proposición es –según las autoridades en materia euclidiana, como Heiberg, por ejemplo– una *interpolación*, es decir, un texto añadido, con fines didácticos o de complementación, por los copistas que transcribían el legado euclidiano a sus futuras generaciones. Veámosla entonces.[8]

Proposición X.117. Se nos propone demostrar que en las figuras cuadradas el diámetro es inconmensurable en longitud con el lado.

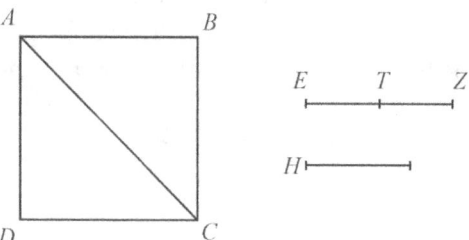

Figura 4.4: Inconmensurabilidad de la diagonal y el lado del cuadrado.

Demostración. Sea $ABCD$ un cuadrado, con diámetro AC. Digo que CA, AB son inconmensurables en longitud.

4.1. LOGOS FRENTE A ÁLOGOS

> Porque supóngase, si es posible, que sean conmensurables. Digo entonces que el mismo número sería par e impar. Porque es claro que el cuadrado en AC es dos veces aquel en AB. Como CA, AB son conmensurables, tienen la razón de un número a un número. Digamos que CA es a AB como EZ es a H, y supongamos que EZ y H son los más pequeños de aquellos que tienen la misma razón.
>
> Entonces EZ no es la unidad. Porque si lo fuera, y EZ es a H como AC es a AB, y AC es mayor que AB, entonces EZ es mayor que H, la unidad mayor que un número, lo cual es absurdo. Así, EZ no es la unidad y, por lo tanto, es un número.
>
> Puesto que CA es a AB como EZ es a H, entonces también el cuadrado en CA es al cuadrado en AB como el cuadrado en EZ es al cuadrado en H. Pero el cuadrado en CA es dos veces el cuadrado en AB, así el cuadrado en EZ es dos veces el cuadrado en H. Por lo tanto, el cuadrado en EZ es par. En consecuencia, EZ es también par; porque si fuera impar, su cuadrado también sería impar, puesto que cuando se combina un número impar de sumandos impares, el total es impar. Así, EZ es par.
>
> Divídase (EZ) en dos partes iguales en T. Puesto que EZ y H son los menores con la misma razón, son primos entre sí. Pero EZ es par, así H es impar. En realidad, si fuera par, 2 mediría a EZ y a H, puesto que todo número par tiene una mitad; esto es imposible para números primos entre sí y así H no es par. Por lo tanto es impar.
>
> Dado que EZ es dos veces ET, el cuadrado en EZ será cuatro veces aquel en ET. Pero el cuadrado en EZ es dos veces aquel en H, así que el cuadrado en H es doble del cuadrado en ET. Luego el cuadrado en H es par. Por lo antes dicho, H es par. Pero también es impar, lo que es imposible. Así, CA y AB no son conmensurables en longitud, QED.

El lector reconocerá esta demostración como la que se expone habitualmente para demostrar la irracionalidad de $\sqrt{2}$. Solo es posible seguirla si se dispone de una sólida base de aritmética entera como la que Euclides provee en el libro VII de los *Elementos* y que, como hemos visto en el capítulo 1, ya estaba en poder de los pitagóricos.

Antifairesis

El λόγος, la *razón*, pasa así a dar paso al ἄλογος, la *no razón*. Pero la no conmensurabilidad es terrible para los pitagóricos porque los enfrenta a uno de sus más temidos fantasmas: el *horror infiniti*, vale decir el miedo al infinito, actitud que penetró toda la matemática griega clásica y, sin duda, contaminó toda la posteridad hasta Cantor.[9]

CAPÍTULO 4. LA ARITMÉTICA SUPERIOR DE LOS PITAGÓRICOS

Nótese que la secuencia descrita en la figura 4.2 no es otra cosa que una sustracción repetida de segmentos: al segmento A se le restó el segmento B (todas las veces que se pudo), a B se restó C y a C se restó D. Tal procedimiento se conoció con el nombre de *antifairesis* (ἀνθυφαίρεσις).[10] Si los segmentos en cuestión representan números, es decir, cuando ambos son múltiplos enteros de una unidad de medida arbitraria, el procedimiento antifairético terminará siempre con una medida común: *el máximo común divisor de los dos números*. Así lo demostró Euclides en la proposición X.2 de los *Elementos*. De manera que la creencia pitagórica en la absoluta conmensurabilidad de los segmentos significaba que, dado cualquier conjunto de segmentos, cada uno de los elementos del conjunto representaba un número entero respecto a alguna medida común a todos los elementos.

| Reto 4.2 |

Pero si la diagonal y el lado del cuadrado son inconmensurables, intentar con ellos la secuencia antifairética que se muestra en la figura 4.2 es un proceso que, a diferencia del ilustrado, puede repetirse todas las veces que se desee sin llegar a un fin en ninguna de ellas: es un proceso infinito. Al *horror infiniti* de los griegos presta un invalorable soporte el método de demostración por reducción al absurdo, puesto que la contradicción conseguida dispensa al razonador de apoyarse en un procedimiento que exija una repetición tras otra sin término.

Pero los griegos pudieron usar la antifairesis en su propio provecho, como lo hizo el platónico Eudoxo quien descubrió lo que hoy llamamos *axioma de Arquímedes*, principio que, admite varias interpretaciones equivalentes, una de ellas francamente antifairética, recogida por Euclides en su proposición X.1, dice así:[11]

> Dadas dos magnitudes desiguales, si se quita de la mayor una (magnitud) mayor que su mitad y, de la que queda, una magnitud mayor que su mitad y así sucesivamente, quedará una magnitud que será menor que la magnitud menor dada.

Por lo anterior vale la pena detenerse un tanto a analizar otra posible demostración basada esta vez en la figura 4.5.

Sea $ABCD$ un cuadrado con diagonal AC y sea E el punto de esta diagonal tal que $AE = AD$, es decir, E es el punto donde cortamos el lado del cuadrado sobre la diagonal. Desde E dibujemos una perpendicular a la diagonal que corte el lado opuesto en F. Por consideraciones angulares es claro que EC y EF son lados de un cuadrado $FECG$ cuya diagonal es FC. Ahora bien, tomando en cuenta que FE y FB son segmentos

4.1. LOGOS FRENTE A ÁLOGOS

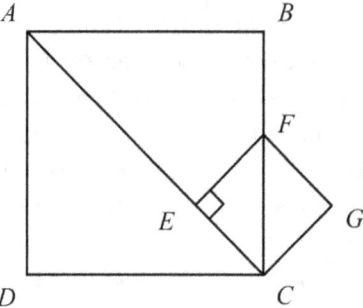

Figura 4.5: Inconmensurabilidad de la diagonal por antifairesis.

tangentes desde un mismo punto F a la circunferencia que pasa por D, E y B, entonces $FB = FE = EC$, por lo cual $FC = BC - BF = AD - EC$. Es decir, la diagonal del cuadrado pequeño es el lado del cuadrado original menos el restante de quitar a la diagonal del cuadrado grande el lado del mismo.

Ahora bien, EC, el lado del cuadrado menor, es menor que la mitad de AB, el lado del cuadrado mayor. Por esta razón, FC, la diagonal del cuadrado menor, será menor que la mitad de AC, la diagonal del cuadrado mayor. Pero la igualdad $EC = AC - AD$ implica que si la diagonal y el lado del cuadrado original son conmensurables, también lo será EC que se medirá con la misma medida común a ambos, razonamiento que, en función de la igualdad $FC = AD - EC$ también puede aplicarse a FC; es decir, FC se mide con la medida común a AC y AD.

Una construcción similar sobre el cuadrado $FECG$ muestra que hay un cuadrado más pequeño, cuya diagonal es menor que la mitad de la diagonal FC y que se mide con la medida común a AC y AD. Pero el procedimiento puede repetirse haciendo aparecer nuevos cuadrados cuyas diagonales son menores que las mitades de las diagonales de los cuadrados anteriores. Tal repetición producirá eventualmente una diagonal menor que la medida común a AC y AD, lo cual es absurdo pues un segmento no puede ser menor que el segmento que lo mida, QED

De nuevo tenemos un razonamiento por reducción al absurdo, pero su naturaleza es esencialmente distinta del anterior, por cuanto este último procede por sustracciones sucesivas de unos segmentos sobre otros siempre que en cada paso se sustraiga más de la mitad, lo que debe llevar a estar por debajo de cierto límite a partir de un punto determinado, tal como lo estableció Euclides siguiendo a Eudoxo.

CAPÍTULO 4. LA ARITMÉTICA SUPERIOR DE LOS PITAGÓRICOS

4.2
División en extrema y media razón

Como ya vimos en la sección 3.6 desde la página 93 en adelante, un problema cuya solución se asigna históricamente al pitagorismo está relacionado con el pentágono regular: se trata de construir dicho pentágono a partir de un triángulo isósceles cuyos ángulos en la base son cada uno el doble del ángulo en el tercer vértice. La presencia del pentágono y el trazo de sus diagonales hizo aparecer la estrella de cinco puntas (ver figu-

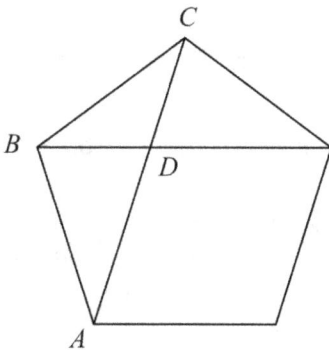

Figura 4.6: La estrella pitagórica y la sección áurea.

ra 3.19 en la página 95), que fue usada como un símbolo de pertenencia a la escuela. Ahora bien, las relaciones de tamaño establecidas entre las diagonales y los lados del pentágono pudieron conducir a la interrogante acerca de la razón existente entre el segmento mayor y el menor de los generados por el corte de las diagonales, como quiere sugerir la figura 4.6.

La respuesta a esta interrogante conduce a lo que la posteridad conoció como *razón áurea* o *división en extrema y media razón*: un segmento está dividido por uno de sus puntos en extrema y media razón cuando el segmento total es al segmento mayor como dicho segmento mayor es al menor. Las diagonales del pentágono regular se cortan en extrema y media razón; es decir que en la figura 4.6 se tiene que

$$AC : AD :: AD : DC.$$

Reto 4.3

Las asignaciones

$$a = AC, \qquad x = AD, \qquad a - x = DC,$$

4.2. DIVISIÓN EN EXTREMA Y MEDIA RAZÓN

conducen a la ecuación de segundo grado

$$\frac{a}{x} = \frac{x}{a-x}$$

que ya hemos visto asociada a la proposición II.11 de Euclides en la página 97.

Pero no terminan allí las interrogantes, pues ahora cabe indagar acerca de la conmensurabilidad de los segmentos generados por el corte. Sea entonces el segmento AC cortado por D en extrema y media razón y lle-

Figura 4.7: Inconmensurabilidad en la sección áurea.

vemos el segmento DC (el menor) sobre el segmento AD (el mayor), lo que genera un punto E en este último, tal que $AE = DC$. La proporción anterior se puede interpretar, entonces, en la forma

$$(AD + DC) : AD :: (AE + ED) : AE,$$

lo que equivale a

$$DC : AD :: ED : AE,$$

de donde

$$AD : DC :: AE : ED,$$

y finalmente[12]

$$AD : AE :: AE : ED,$$

lo que significa que llevar el segmento menor sobre el mayor reproduce nuevamente la división en extrema y media razón.

Si los segmentos de la división tuvieran una medida común, cada uno de los segmentos menores que aparecen en cada superposición se mediría con esa medida común. Pero como en una división en extrema y media razón el segmento mayor es más grande que la mitad del segmento total, las superposiciones consecutivas llevarán eventualmente a un segmento menor más pequeño que la medida común, lo cual es imposible. *Los segmentos de la división en extrema y media razón son inconmensurables.*

Es punto para la polémica determinar si los pitagóricos podrían llevar adelante demostraciones como éstas. De hacerlo, estaban en posesión de estructuras antifairéticas de razonamiento, pero la evidencia histórica parece indicar que tales estructuras fueron usadas por vez primera

CAPÍTULO 4. LA ARITMÉTICA SUPERIOR DE LOS PITAGÓRICOS

por el platónico Eudoxo y se piensa, quizás con base en la enorme influencia de Arquímedes, que su uso en los *Elementos* no es más que una modificación, en el estilo de Euclides, de la herencia eudoxiana. Eudoxo apareció en escena alrededor de siglo y medio después de Pitágoras. Sea como fuere, vale la pena destacar la tremenda paradoja histórica que significó el que los símbolos pitagóricos más destacados –el teorema de Pitágoras y la estrella de cinco puntas– fueran los instrumentos de demolición de su creencia más sagrada: la inexcepcional conmensurabilidad de los segmentos. ¿Fue la divulgación de esta "anormalidad" de la estrella pitagórica la que produjo el naufragio –alegórico o no– de Hipaso? Recuérdese –páginas 94 y 105– que este naufragio ha sido asociado al dodecaedro y al descubrimiento de la razón áurea, temas que, de acuerdo a lo recientemente visto, no son aspectos separados.

4.3
Razón y proporción: las definiciones

Pero la inconmensurabilidad produce al pitagorismo problemas que van más allá de lo meramente religioso, aunque la enorme dificultad epistemológica que estos problemas conllevaban hizo imposible que los pitagóricos pudieran resolverlos completamente, dejando para la posteridad la tarea. La geometría de los pitagóricos creció a la sombra de una teoría de las proporciones que se mostró incompleta en tanto no podía incluir los segmentos inconmensurables; la escuela no era ajena a esta deficiencia, aspecto que podría ayudar a explicar por qué las alusiones al celo de los pitagóricos –que incluso pudo haber llevado al asesinato– rondan preferiblemente el tema de los inconmensurables.

En principio existía la esperanza de que el λόγος abarcara todo par de segmentos, mas –como veremos dentro de poco– vale establecer relaciones de proporcionalidad entre segmentos inconmensurables, lo que coloca en revisión crítica el concepto mismo de razón, base de la proporción; en otras palabras, había que reconcebir el λόγος... reconceptualizar la idea. El nuevo concepto debía abarcar tanto a los conmensurables como a los inconmensurables. En lo que sigue podemos obtener una ganancia pedagógica de valor incalculable, pues en una época como la nuestra, con una matemática tan imbuida de lo formal –en la que a veces el estudiante siente que los conceptos nacen con su definición y, por tanto, dirige sus esfuerzos más a la formalización que a la propia comprensión– entender o, al menos, intentar descifrar las motivaciones de una definición nada intuitiva en su expresión final, es un ejercicio de acercamiento total a la creación matemática en su esencia más íntima.

4.3. RAZÓN Y PROPORCIÓN: LAS DEFINICIONES

Si la definición de razón se adecúa a lo que tenemos en mente, debe llevarnos a las proporciones correctas entre las razones que, a priori, intuímos las mismas. Por ejemplo, si tenemos dos cuadrados de lados distintos L y l, cuyas diagonales respectivas son D y d (ver figura 4.8),

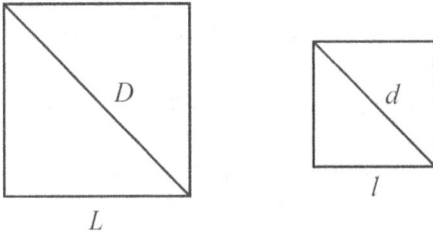

Figura 4.8: $D : L :: d : l$.

entonces ha de cumplirse que $D : L :: d : l$, independientemente de la inconmensurabilidad de los segmentos involucrados. Un primer intento está resumido en la definición V.3:[13]

> Una razón es determinada relación con respecto a su tamaño entre dos magnitudes homogéneas.

Ahora bien, ni siquiera a quien realiza un trabajo fundacional como el que analizamos, se le escapa el carácter vago de una definición como ésta. De hecho, entre los expertos se considera que tal "definición" no es euclidiana en absoluto, sino que se trata de una interpolación para algunos (como Simson) lamentable. Heath, sin embargo, no ve razón para seguir esta línea de pensamiento y la considera legítima condescendiendo, además, con Barrow quien piensa que Euclides pudo haberla incluido con fines de completación, en la misma forma que incluyó las definiciones de punto, recta y plano. Por lo demás, Barrow[14] le asigna un carácter más bien metafísico que matemático, pues aunque el término definido se usa a todo lo largo del texto, no pasa lo mismo con la definición; de hecho, las definiciones V.4 y V.5 parecen destinadas a completar la idea que quiso expresar V.3.

Sin embargo, ya Eudoxo antes de Euclides había previsto este problema y anticipado la solución de manera magistral. Tratemos de aclarar con un sencillo ejemplo. Supóngase que tenemos dos segmentos D y L y a partir de un punto O marquemos en una recta cualquiera una serie de puntos consecutivos A_1, A_2, A_3, etc. cada uno separado de su antecesor por la longitud de D. En otra recta paralela a la anterior y a partir de un punto o situado en la perpendicular a ambas que pasa por O, marquemos una serie de puntos a_1, a_2, a_3, etc. separados dos consecutivos

CAPÍTULO 4. LA ARITMÉTICA SUPERIOR DE LOS PITAGÓRICOS

cualesquiera por una distancia L, tal como se muestra en la figura 4.9. Supongamos en principio que D y L son conmensurables, como por ejem-

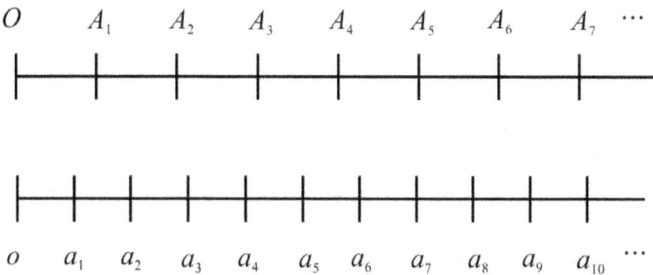

Figura 4.9: Construcción del concepto de razón.

plo $D : L :: 7 : 5$. En este caso, cada $5D$ se tiene una coincidencia con alguna $7L$, es decir, coincidirán A_5 con a_7, A_{10} con a_{14}, A_{15} con a_{21}, etc. Recíprocamente, si encontramos una coincidencia entre alguna de las A con alguna de las a, supongamos A_m con a_n, es claro entonces que cada mD se corresponde con una nL, por lo que se tiene la conclusión de que $D : L :: n : m$, de donde se sigue que los segmentos en cuestión serían conmensurables.

El razonamiento anterior expone por tanto una condición suficiente y necesaria, a partir de la cual es evidente que si D y L son segmentos inconmensurables, como por ejemplo la diagonal y el lado de un cuadrado, entonces es imposible que coincida alguna A con alguna a; de manera que entonces toda A se encontrará situada entre dos a consecutivas.

En cualquiera de los dos casos, siempre existirá una A que sobrepase a alguna a escogida y, viceversa, toda A que se seleccione será sobrepasada por alguna a. En términos de D y L se puede afirmar que algún múltiplo de L será mayor que cualquier múltiplo particular de D o viceversa. Esta es la clave de la observación de Eudoxo,[15] que sería recogida por Euclides en la Def. V.4:[16]

> Se dice que guardan razón entre sí las magnitudes que, al multiplicarse, pueden exceder una a otra.

Esta definición completa la definición V.3 y, además, resuelve el problema de su vaguedad. La definición permite las observaciones siguientes:

(a) Si D y L son conmensurables alguna de las A coincidirá con alguna de las a; de hecho, esta situación se repetirá infinitas veces en múltiplos enteros de cada una de las cantidades.

4.3. RAZÓN Y PROPORCIÓN: LAS DEFINICIONES

(b) Si D y L son inconmensurables o bien toda A estará entre dos a consecutivas o bien, complementariamente, toda a estará entre dos A consecutivas.

Reto 4.4

Aún no estamos listos. Sigue pendiente qué significa la proporción cuando las razones no pueden expresarse en términos de números; es decir, la explicación de la proporcionalidad expresada en la figura 4.8. Pero esta es una labor que, en sí misma, significa nada menos que la propia reelaboración (y consiguiente reformulación) del concepto de proporción. Es aquí donde Euclides arranca los mejores frutos (al menos los mejores para su época) del árbol que sembró Eudoxo.

Supongamos que a la construcción mostrada en la figura 4.9 la acompañamos con una construcción similar, en la que identificamos puntos B separados por segmentos congruentes d y puntos b separados por segmentos congruentes l, tal como se muestra en la figura 4.10. Añadamos

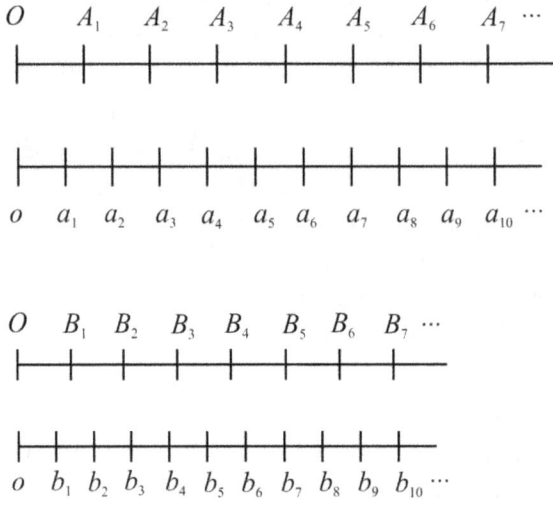

Figura 4.10: Concepto general de proporción.

la suposición de que los pares D, L y d, l son, diagonales y lados respectivos de dos cuadrados distintos como, digamos, los de la figura 4.8. Como ya hicimos ver, esperamos poder afirmar que $D : L :: d : l$, de manera que las dos líneas identificadas con los puntos B, b representarían un modelo a escala de las dos identificadas con los puntos A, a. Esto no puede significar otra cosa que el hecho de esperar que las posiciones relativas entre cualquier par A, a se correspondan en idéntica forma con el par similar B, b. Así, del hecho de que A_3 esté entre a_4 y a_5 esperamos que

CAPÍTULO 4. LA ARITMÉTICA SUPERIOR DE LOS PITAGÓRICOS

B_3 esté entre b_4 y b_5; nos parecería un completo contrasentido –dentro del concepto cuya definición esperamos alcanzar– que B_3 estuviera antes de b_4 o después de b_5. En resumen, las posiciones relativas de dos múltiplos distintos de D y L se corresponden a las posiciones relativas de los mismos múltiplos de d y l. Pero incluso esto sería verdadero en el caso de que D y L (y, por supuesto, d y l) fueran conmensurables, con la ventaja adicional en este caso de que las posiciones relativas pueden incluir la coincidencia.

Ahora bien, cabe la pregunta siguiente: ¿llevará la relación entre múltiplos expresada en el párrafo anterior a la idea intuitiva que tenemos de proporción? Observemos que esta pregunta tiene un carácter nada matemático, sino exclusivamente epistemológico: desde un punto de vista estrictamente terminológico no se puede exigir a quien define, el demostrar que su definición es la adecuada para el término definido. Tal como hace ver Heath –siguiendo a Barrow– es como pedir a alguien que demuestre que la palabra *circunferencia* sólo es aplicable a las curvas que contienen a los puntos equidistantes de un punto fijo. Pero nótese que si tuviéramos cuatro segmentos D, L, d y l', de forma que l' tuviera alguna diferencia, por pequeña que fuera, con l y construyéramos con ellos la figura 4.10, esto bastaría para destruir nuestro modelo a escala. En efecto, supongamos que l' es menor que l en una diferencia igual a la décima parte de l; en términos clásicos, esta idea la expresamos en la forma $(l - l') : l :: 1 : 10$. Esta pequeña perturbación del modelo empuja cada b a su izquierda en una décima parte de su situación original, lo que traería como consecuencia que b_{10} se localice en la posición que anteriormente tenía b_9. A partir de aquí, ya nada será como antes en términos de posiciones relativas de los múltiplos de los pares D, L y d, l'.

Aclarado el aspecto epistemológico, podemos por fin entrar en la definición euclidiana del concepto de "misma razón"[17] recogida como definición V.5:[18]

> Se dice que una primera magnitud guarda la misma razón con una segunda que una tercera con una cuarta, cuando cualesquiera equimúltiplos de la primera y la tercera excedan a la par, sean iguales a la par o resulten inferiores a la par, que cualquiera equimúltiplos de la segunda y la cuarta, respectivamente y tomados en el orden correspondiente.

Así, la proporción $D : L :: d : l$, significa –apelando a la moderna simbología– que, para todo par de números m, n, si $mD >, = $ o $ < nL$ entonces ha de tenerse que $md >, = $ o $ < nl$, correlativamente. Como punto de culminación, Euclides completa su marco teórico con la

4.4. ORDEN Y APROXIMACIONES

definición V.6:[19]

> Llámense proporcionales las magnitudes que guardan la misma razón.

con la cual se domina de manera definitiva el concepto de proporción.

Para finalizar la consideración pedagógica, vale la pena hacer notar que la proposición X.5 de Euclides dice:[20]

> Las magnitudes conmensurables guardan entre sí la misma razón que un número guarda con un número.

lo que significa que Euclides retorna a la visión pitagórica original (muy particular) del concepto de proporción, cinco libros después de haber resuelto el problema de manera general. Exposiciones metódicas como éstas sólo son posibles si vienen precedidas de un largo proceso, teóricamente doloroso, compuesto de pocos aciertos y muchos errores, en los que el expositor se presenta casi como un prodigioso armador de un difícil rompecabezas histórico, que le llegó con todas o casi todas las piezas incluidas. De hecho, cualquier libro de matemática actual no es más que una instancia de un proceso de esta naturaleza, algunos no más que simples reconstrucciones de rompecabezas ya armados. Todo profesor de matemática haría bien informando de esto a sus discípulos.

4.4
Orden y aproximaciones

Queda un aspecto del problema por analizar; aspecto que se inscribe en lo más rancio de la tradición pitagórica, a pesar de lo cual no aparece como materia de estudio en los *Elementos*, pero fue explotado hasta extremos magistrales por Arquímedes. Se trata de conseguir razones numéricas que expresen de la mejor forma posible las razones entre inconmensurables. Asunto que involucra dos subproblemas distintos: el primero: ¿qué significa "la mejor forma posible"?; el segundo, ¿qué método (o métodos) lleva a conseguir tales razones numéricas?

A nuestros objetivos le interesan fundamentalmente el primero de los subproblemas mencionados, es decir, el criterio para decidir, entre dos razones numéricas distintas, cuál es mejor para representar una razón entre inconmensurables. Volvamos a la figura 4.9 de la página 115 y supongamos nuevamente que D y L son diagonal y lado respectivos de un cuadrado. En lo que sigue haremos uso de nuestro conocimiento de las

CAPÍTULO 4. LA ARITMÉTICA SUPERIOR DE LOS PITAGÓRICOS

aproximaciones decimales a $\sqrt{2}$. Pensemos además que hemos continuado el dibujo hasta los extremos que comentaremos.

Por ejemplo, A_5 está colocada (volvamos a la figura 4.9) entre a_7 y a_8; es decir $5D$ es más que $7L$, pero menos que $8L$. Si, por el contrario, $5D$ coincidiera con $7L$ tendríamos que decir que $D : L :: 7 : 5$; mas si coincidiera con $8L$ afirmaríamos que $D : L :: 8 : 5$. En cierto sentido, es como si la razón $7 : 5$ apareciera *antes* de la razón $D : L$ pero, a su vez, $8 : 5$ aparece *después* de $D : L$. Esta consideración muestra la necesidad de introducir el concepto de orden entre las razones: *nos gustaría decir que la razón $D : L$ es mayor que la razón $7 : 5$, pero menor que la razón $8 : 5$*. Euclides resuelve esta necesidad con la definición V.7:[21]

> Entre los equimúltiplos, cuando el múltiplo de la primera excede al múltiplo de la segunda pero el múltiplo de la tercera no excede al múltiplo de la cuarta, entonces se dice que la primera guarda con la segunda una razón mayor que la tercera con la cuarta.

Continuando de la manera indicada la exploración de la recta, encontraremos nuevas posiciones relativas que nos permitirán expresar nuevas relaciones de orden del tipo que acabamos de describir. Así A_{10} se encuentra situada entre a_{14} y a_{15}, por lo cual $D : L$ es mayor que $14 : 10$ y menor que $15 : 10$; A_{100} se encuentra entre a_{141} y a_{142}, de donde $D : L$ es mayor que $141 : 100$ y menor que $142 : 100$; $A_{1\,000\,000}$ se localiza entre $a_{1\,414\,213}$ y $a_{1\,414\,214}$, de forma que $D : L$ es mayor que $1\,414\,213 : 1\,000\,000$ y menor que $1\,414\,214 : 1\,000\,000$.

Aplicaciones sucesivas del criterio establecido por la definición V.7 mostrarán que las razones anteriores (incluyendo a $D : L$) se pueden organizar, de mayor a menor, de acuerdo a la siguiente lista:

$$8 : 5$$
$$15 : 10$$
$$142 : 100$$
$$1\,414\,214 : 1\,000\,000$$
$$D : L$$
$$1\,414\,213 : 1\,000\,000$$
$$141 : 100$$
$$14 : 10$$
$$7 : 5$$

(las dos últimas son, de hecho, la misma razón) de forma que las razo-

4.5. "NÚMEROS LADO Y DIAGONAL": $\sqrt{2}$

nes que hemos colocado en las líneas más cercanas a $D : L$ se pueden considerar "mejores" para representarla que aquellas que están en líneas más alejadas. Hoy utilizamos para expresar esta idea la palabra *aproximación*. Los pitagóricos consiguieron aproximaciones a $\sqrt{2}$ mediante el procedimiento de conseguir los "números lado y diagonal". El maestro griego de las aproximaciones fue Arquímedes; de hecho, la razón *circunferencia : diámetro*, que los griegos no pudieron demostrar inconmensurable, fue aproximada por Arquímedes situándola entre las razones 223 : 71 y 22 : 7. En el camino nos sorprendió con otras, de las que ni siquiera nos dio explicación, pero que nos asombran por su finura. Veremos el desarrollo de estas aproximaciones en las secciones siguientes.

4.5
"Números lado y diagonal": $\sqrt{2}$

Teón estudió las sucesiones de enteros llamadas "números lado y diagonal" que, según algunos historiadores, tienen un origen pitagórico. Son las que vemos en la tabla siguiente:

l_n	d_n
1	1
2	3
5	7
12	17
29	41
70	99
169	239
⋮	⋮

Reto 4.5

Teón observó que se cumple la ecuación $d_n^2 - 2l_n^2 = (-1)^n$ y también que la suma de los cuadrados de los d_n es el doble de la suma de los cuadrados de los l_n, si se toma un número par de sumandos. (Si se toma un número impar, difieren en una unidad.) Pero Teón no da las pruebas, posiblemente porque eran suficientemente conocidas. En el segundo libro de los *Elementos* –considerado el más pitagórico de ellos– conseguimos dos proposiciones relacionadas con la solución geométrica de este problema: II.9 y II.10. La primera de ellas dice:[22]

> Si se corta una línea recta en partes iguales y desiguales, los cuadrados de los segmentos desiguales de la (recta) entera son el doble

CAPÍTULO 4. LA ARITMÉTICA SUPERIOR DE LOS PITAGÓRICOS

del cuadrado de la mitad más el cuadrado de la (recta situada) entre los (puntos) de sección.

lo que significa que, si en el segmento AB de la derecha tomamos su punto medio Γ y otro punto cualquiera Δ, se cumple

$$A\Delta^2 + \Delta B^2 = 2A\Gamma^2 + 2\Gamma\Delta^2.$$

Para los que nos interesa es mejor escribir lo anterior en la forma

$$A\Delta^2 - 2A\Gamma^2 = 2\Gamma\Delta^2 - \Delta B^2,$$

puesto que si hacemos $x = \Gamma\Delta$ y $y = \Delta B$, como muestra la misma figura, entonces la ecuación anterior se transforma en

$$(2x+y)^2 - 2(x+y)^2 = 2x^2 - y^2,$$

que contiene las características principales de los "números lado y diagonal": (a) cómo se generan y (b) la alternancia de los signos.

Por otra parte, II.10 permite construir geométricamente la secuencia de "números lado y diagonal"; esta proposición afirma:[23]

> Si se divide en dos partes iguales una línea recta y se le añade, en línea recta, otra recta, el cuadrado de la (recta) entera con la (recta) añadida y el (cuadrado) de la añadida, tomados conjuntamente, son el doble del (cuadrado) de la mitad y el cuadrado construido a partir de la (recta) compuesta por la mitad y la (recta) añadida, tomadas como una sola recta.

lo que significa que, en la figura a la derecha, en que Γ divide por la mitad al segmento AB que se prolonga hasta Δ, se tiene

$$A\Delta^2 + B\Delta^2 = 2A\Gamma^2 + 2\Gamma\Delta^2.$$

Partamos ahora, apoyándonos en la figura 4.11, del cuadrado de lado AΓ ($=l$) y diagonal ΓE ($=d$). Prolonguemos AΓ con ΓB = AΓ y luego con BΔ = ΓE. De acuerdo a II.10 se tiene que

$$A\Delta^2 + B\Delta^2 = 2A\Gamma^2 + 2\Gamma\Delta^2,$$

pero por ser ΓE = BΔ resulta BΔ^2 = 2AΓ^2, por lo cual AΔ^2 = 2ΓΔ^2. Finalmente, como ΔH^2 = 2ΓΔ^2 se obtiene ΔH = AΔ. Es decir, que a partir del cuadrado de lado l y diagonal d se construyó el cuadrado de lado $l+d$ y diagonal $2l+d$.

Reto 4.6

4.6. ARQUÍMEDES Y LA APROXIMACIÓN A π

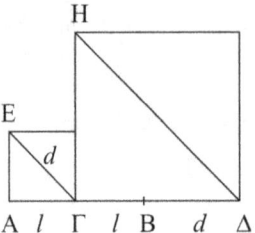

Figura 4.11: Generación geométrica de los "números lado y diagonal".

4.6 Arquímedes y la aproximación a π

Los griegos no usaron la letra π para identificar la relación constante circunferencia:diámetro. Tampoco demostraron que esta última razón fuera inconmensurable, es decir que π es irracional. Se dice que Hipócrates de Quíos demostró que la razón del círculo al cuadrado del diámetro era una constante, pero existen dudas acerca de esta atribución y otros prefieren creer que se debe a Eudoxo tal resultado. Euclides lo recoge como su proposición X.2 en los *Elementos* y la demostración es una bella aplicación del *método exhaustivo*, derivado de los procedimientos eudoxianos. Utiliza la tantas veces comentada aproximación a la circunferencia mediante polígonos regulares inscritos y circunscritos.

Arquímedes también demuestra esta proposición; lo hace en su libro *Medida del círculo*. Pero el procedimiento arquimediano brilla por su originalidad: comprueba que el área de un círculo es igual a la de un triángulo rectángulo uno de cuyos catetos mide la longitud de la circunferencia y el otro el radio del círculo. La demostración se sostiene en un magistral uso de la reducción al absurdo, la tricotomía y los procedimientos eudoxianos. De paso muestra que la constante de proporcionalidad entre el círculo y el cuadrado de su diámetro es la cuarta parte de la constante de proporcionalidad entre la circunferencia y el diámetro. Esto es el equivalente a nuestras conocidas fórmulas

$$l = 2\pi r \qquad \text{y} \qquad A = \pi r^2$$

para la longitud de la circunferencia y el área del círculo, respectivamente.

También en *Medida del círculo* Arquímedes consigue una excelente aproximación a π, usando el procedimiento de los polígonos regulares inscritos y circunscritos. Comenzando por el hexágono continúa, en un brillante proceso recursivo, doblando el número de lados hasta llegar al

CAPÍTULO 4. LA ARITMÉTICA SUPERIOR DE LOS PITAGÓRICOS

polígono de 96 lados, donde detiene su cálculo. La aproximación conseguida es:[*]

$$3\tfrac{10}{71} < \pi < 3\tfrac{1}{7},$$

aunque Herón afirma que el mismo Arquímedes había hallado una aún mejor.[24]

Antes de ver cómo llegó a este resultado es bueno observar que, habiendo partido del hexágono, Arquímedes hubo de tenérselas con el triángulo rectángulo mitad de un triángulo equilátero (el triángulo 30–60–90), cuyos catetos responden a la razón $\sqrt{3} : 1$, por lo cual Arquímedes necesitaba una aproximación a esta razón. Sin ninguna explicación, dio la siguiente

$$265 : 153 < \sqrt{3} : 1 < 1351 : 780,$$

creando una interrogante histórica que ha ocupado a muchos estudiosos de la historia de la matemática.

| Reto 4.7 | Reto 4.8 |

A pesar de las dificultades de su sistema de numeración, Arquímedes se enfrentaba a los grandes números con tranquilidad.[25] En la aproximación a π de *Medida del círculo* aparecen, como lo veremos, grandes números cuya raíz cuadrada debe extraer y para los cuales consigue aproximaciones racionales sorprendentes, por exceso y por defecto dependiendo de la necesidad. Veamos entonces.

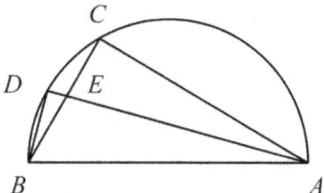

Figura 4.12: Aproximación arquimediana a π por polígonos inscritos

Para entender el tratamiento que dio a los polígonos inscritos podemos usar la figura 4.12, que muestra el semicírculo de diámetro AB con el lado BC del hexágono inscrito, por lo cual el triángulo ABC es la mitad de un equilátero con el ángulo recto en C. Por lo ya comentado

$$AB : BC :: 2 : 1 \quad \text{y} \quad AC : BC :: \sqrt{3} : 1 < 1351 : 780.$$

---

[*]En lo que sigue, para mayor comodidad en la escritura, usaremos la notación $a\tfrac{b}{c}$ al referirnos a $a + \dfrac{b}{c}$.

4.6. ARQUÍMEDES Y LA APROXIMACIÓN A π

El interés de Arquímedes apuntaba a las razones del tipo $AB : BC$ que expresan la relación entre el diámetro del círculo y el lado del polígono inscrito, pero para obtener éstas necesitaría, como veremos a continuación, las del tipo $AC : BC$ que dan la razón entre los catetos del triángulo rectángulo inscrito en el semicírculo.

Tracemos AD, bisectriz de BAC con D en la circunferencia y sea E el punto en que AD corta al lado BC. Es claro que BD es, entonces, el lado del dodecágono inscrito. Los triángulos ADB y ACE son semejantes, lo que significa que
$$AD : DB :: AC : CE.$$

Por otra parte, como AE es bisectriz del ángulo BAC podemos escribir[26]
$$AC : AB :: CE : EB,$$
lo que se reescribe en la forma
$$AC : CE :: AB : EB.$$

Por consiguiente
$$AD : DB :: (AC + AB) : (CE + EB),$$
es decir
$$AD : DB :: (AB + AC) : BC.$$

Para desarrollar la razón del lado derecho de esta última proporción debemos observar que
$$AB : BC :: 2 : 1 :: 1560 : 780,$$
por lo cual
$$AD : DB < (1560 + 1351) : 780,$$
de donde
$$AD : DB < 2911 : 780,$$
que acota la razón entre los catetos del triángulo rectángulo inscrito. Veamos ahora que hizo con la relación diámetro : lado en el dodecágono inscrito. En primer lugar
$$AB^2 : BD^2 = (AD^2 + BD^2) : BD^2,$$
en consecuencia
$$AB^2 : BD^2 < (2911^2 + 780^2) : 780^2,$$

CAPÍTULO 4. LA ARITMÉTICA SUPERIOR DE LOS PITAGÓRICOS

o
$$AB^2 : BD^2 < 9\,082\,321 :: 780^2.$$

En este punto Arquímedes hace uso de su prodigioso poder de cálculo para sorprendernos al extraer la raíz con la siguiente aproximación

$$AB : BD < 3013\tfrac{3}{4} : 780.$$

A partir de aquí, el procedimiento es similar trazando las bisectrices sucesivas AF, AH y AJ –con F, H y J en la circunferencia– las cuales definen los segmentos BF, BH y BJ como lados de los polígonos regulares inscritos de 24, 48 y 96 lados respectivamente. Indiquemos el resumen de los cálculos.

Polígono de 24 lados

$AF : FB :: (AB + AD) : BD$

$AF : FB < (3013\tfrac{3}{4} + 2911) : 780,$

$AF : FB < 5924\tfrac{3}{4} : 780 :: 1823 : 240.$

(Esta reducción de la razón a términos menores también es del propio Arquímedes.)

$AB^2 : BF^2 = (AF^2 + BF^2) : BF^2,$

$AB^2 : BF^2 < (1823^2 + 240^2) : 240^2,$

$AB^2 : BF^2 < 3\,380\,929 :: 240^2,$

$AB : BF < 1838\tfrac{9}{11} : 240.$

Polígono de 48 lados

$AH : HB :: (AB + AF) : BF$

$AH : HB < (1838\tfrac{9}{11} + 1823) : 240,$

$AH : HB < 3661\tfrac{9}{11} : 240 :: 1007 : 66.$

$AB^2 : BH^2 = (AH^2 + BH^2) : BH^2,$

$AB^2 : BH^2 < (1007^2 + 66^2) : 66^2,$

$AB^2 : BH^2 < 1\,018\,405 :: 66^2,$

$AB : BH < 1009\tfrac{1}{6} : 66.$

4.6. ARQUÍMEDES Y LA APROXIMACIÓN A π

Polígono de 96 lados

$AJ : JB :: (AB + AH) : BH$

$AJ : JB < (1009\tfrac{1}{6} + 1007) : 66,$

$AJ : JB < 2016\tfrac{1}{6} : 66.$

$AB^2 : BJ^2 = (AJ^2 + BJ^2) : BJ^2,$

$AB^2 : BJ^2 < [(2016\tfrac{1}{6})^2 + 66^2] : 66^2,$

$AB^2 : BJ^2 < 4\,069\,284\tfrac{1}{36} :: 66^2,$

$AB : BJ < 2017\tfrac{1}{4} : 66.$

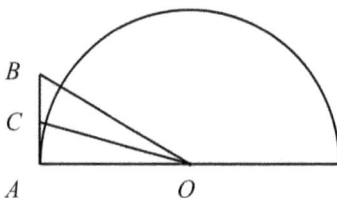

Figura 4.13: Aproximación arquimediana a π por polígonos circunscritos

El análisis con los polígonos circunscritos se parece bastante al anterior. Partiremos de la figura 4.13, en la que vemos el semicírculo de centro O y radio OA; el segmento AB, tangente al círculo en A, es la mitad del lado del hexágono circunscrito, por lo que el triángulo OAB es la mitad de un equilátero, con su ángulo recto en A. Esto significa que

$$OA : AB :: \sqrt{3} : 1,$$

de donde, por aproximación arquimediana,

$$OA : AB > 265 : 153$$

y además

$$OB : AB :: 2 : 1 :: 306 : 153.$$

Tracemos la bisectriz del ángulo AOB que corta a la recta AB en C. Entonces AC es la mitad del lado (semilado) del dodecágono circunscrito. Pero también

$$OB : OA :: BC : AC,$$

por lo que, usando propiedades de las proporciones,

$$(OB + OA) : OA :: (BC + AC) : AC,$$

CAPÍTULO 4. LA ARITMÉTICA SUPERIOR DE LOS PITAGÓRICOS

o
$$(OB + OA) : OA :: AB : AC,$$

que se transforma en

$$(OB + OA) : AB :: OA : AC,$$

por lo que, aplicando lo visto en el hexágono, se llega a que

$$OA : AC > (306 + 265) : 153,$$

es decir
$$OA : AC > 571 : 153.$$

Por otra parte,

$$OC^2 : AC^2 = (OA^2 + AC^2) : AC^2 > (571^2 + 153^2) : 153^2,$$

de donde
$$OC^2 : AC^2 > 349\,450 : 153^2$$

que Arquímedes, redondea a

$$OC : AC > 591\tfrac{1}{8} : 153.$$

Los siguientes cálculos los resumimos:

Polígono de 24 lados (OD bisectriz de AOC)

$OA : AD > 1162\tfrac{1}{8} : 153,$

$OD^2 : AD^2 > 1\,373\,943\tfrac{33}{64} : 153^2,$

$OD : AD > 1172\tfrac{1}{8} : 153.$

Polígono de 48 lados (OE bisectriz de AOD)

$OA : AE > 2334\tfrac{1}{4} : 153,$

$OE^2 : AE^2 > 5\,472\,132\tfrac{1}{16} : 153^2,$

$OE : AE > 2339\tfrac{1}{4} : 153.$

Polígono de 96 lados (OF bisectriz de AOE)

$OA : AF > 4673\tfrac{1}{2} : 153,$

4.7. DE LOS GRIEGOS A DEDEKIND

(En este último caso no le hacen falta los cálculos cuadráticos ya que la razón radio : semilado es la que necesita.)

Los resultados anteriores significan entonces que

$$96 \cdot 66 : 2017\tfrac{1}{4} < \pi < 96 \cdot 153 : 4673\tfrac{1}{2},$$

lo que Arquímedes simplifica a la ya comentada

$$3\tfrac{10}{71} < \pi < 3\tfrac{1}{7}.$$

4.7
De los griegos a Dedekind

Hasta este momento hemos querido hacer patente el cúmulo de dificultades que hubieron de remontar los griegos para expresar unas ideas que hoy, dos mil trescientos años después, podemos hacer comprender –al menos operacionalmente– a un escolar. A ellos les llevó cerca de dos siglos superar esta cuesta; pero maravilla que en la actualidad, de algunas de estas ideas (la irracionalidad de $\sqrt{2}$, por ejemplo) sólo repetimos su legado y lo único que hemos hecho es añadirle economía de pensamiento, en forma de notaciones que facilitan la expresión de las ideas con mayor rapidez.

Pero no es poca la ganancia. El tiempo logró que las *razones* pasaran a ser *cocientes* y las *proporciones* se convirtieran en *igualdades numéricas*. Aún más, las razones entre conmensurables sufrieron la metamorfosis que las llevó a números *racionales* y aquellas entre inconmensurables pasaron a ser números *irracionales*. Simbólicamente, la idea

$$D : L :: d : l,$$

se transformó en

$$\frac{D}{L} = \frac{d}{l},$$

y el componente operacional de esta última trajo como consecuencia un componente estructural –siempre presente, aún no siendo evidente– el cual contribuyó a simplificar los esquemas de razonamiento, a costa de hacer menos elemental la idea original.

La nomenclatura moderna convierte entonces el concepto de "misma razón" (Def. V.5) en lo siguiente:

$$\frac{D}{L} = \frac{d}{l}$$

CAPÍTULO 4. LA ARITMÉTICA SUPERIOR DE LOS PITAGÓRICOS

si y sólo si dados dos enteros cualesquiera m, n se tiene que

$$\begin{cases} mD < nL & \text{implica que} \quad md < nl \\ mD = nL & \text{implica que} \quad md = nl \\ mD > nL & \text{implica que} \quad md > nl \end{cases}$$

mientras que "razón mayor" (Def. V.7) se transforma en:

$$\frac{D}{L} > \frac{d}{l}$$

si y sólo si cuando dos enteros m, n hacen que $mD > nL$ entonces se cumple que $md \leq nl$.

Cada una de estas definiciones es en sí misma un test que procede de manera exclusiva con números enteros o con múltiplos enteros de las magnitudes involucradas; he allí su dificultad. Al transformarlas en relaciones numéricas abstractas, que incluyan el concepto de número racional con su carga operacional, facilitamos su manejo pues se nos hace claro que la afirmación $mD < nL$ es totalmente equivalente a $\frac{D}{L} < \frac{n}{m}$ y si queremos que $\frac{D}{L} = \frac{d}{l}$, no queda otra posibilidad que $\frac{d}{l} < \frac{n}{m}$, a su vez equivalente a $md < nl$.

Entonces, cualquier razón $D : L$ separará a todo el conjunto de las razones de enteros $n : m$ en dos partes distintas: (a) aquella parte Y en la cual $D : L$ es mayor que toda $n : m$ y (b) aquella parte X en la cual $D : L$ *no* es mayor que ninguna $n : m$. Si tuviéramos otra razón $d : l$ que fuera *la misma* que $D : L$ ésta nos daría una separación similar en dos partes que, correlativamente, llamaremos y y x.

Si tomamos una razón $n : m$ de la parte Y se cumplirá que $mD > nL$ pero, por la definición euclídea de "misma razón" es claro que $md > nl$ y, por tanto $n : m$ estará también en la parte y. El razonamiento anterior es completamente simétrico respecto a las ternas Y, D, L y y, d, l, por lo cual es claro que toda razón $n : m$ de la parte y será también una razón de la parte Y. En otras palabras, las partes Y y y son exactamente la misma. A partir de aquí, no debe ser difícil probar que también X y x son una y la misma cosa.

De manera que, entonces, cualquier razón $D : L$ y todas aquellas razones $d : l$ que sean las mismas que ella, separan al conjunto de las razones de enteros en las dos partes X y Y que acabamos de comentar. Obsérvese que si D y L son conmensurables entonces $D : L :: n : m$, para alguna razón $n : m$ de la parte X; es más $n : m$ es la mayor de las razones contenidas en la parte X; pero si no son conmensurables

4.7. DE LOS GRIEGOS A DEDEKIND

entonces no podría establecerse una proporción como la señalada para ninguna razón de enteros $n : m$.

En el año de 1872, el matemático alemán Richard Dedekind (1831–1916) publicó un artículo denominado *Continuidad y números irracionales*[27] en el que demuestra que el conjunto de los números racionales puede separarse, de infinitas maneras, en dos conjuntos, de forma que los elementos de uno de ellos sean todos mayores que cualquiera de los elementos del otro conjunto. A esta separación, Dedekind la denominó *cortadura* y la representó por el símbolo (A_1, A_2), en el que A_1 y A_2 son los conjuntos de la separación.

Además de esto, demostró que hay dos clases de cortaduras. Para una de estas clases, uno de los conjuntos de la separación tiene un elemento extremo que le pertenece. Es decir, el conjunto de elementos mayores tiene un elemento que es el menor de todos o el conjunto de elementos menores tiene un elemento que es el mayor de todos. La otra clase tiene la característica de no poseer tales elementos extremos. Evidentemente, en el primer caso, el elemento extremo en cuestión es un número racional y Dedekind dice, entonces, que este número *produce* dicha cortadura; en consecuencia, la cortadura se identifica con tal número racional.

En lo que respecta al segundo caso, Dedekind escribe:[28]

> Entonces, siempre que nos encontremos con una cortadura (A_1, A_2) que no haya sido producida por ningún número racional, crearemos un nuevo número, un número *irracional* α, al que consideraremos completamente definido por esta cortadura (A_1, A_2); diremos que el número α corresponde a esta cortadura o que la produce.[29]

Es decir, Dedekind define al número irracional por simple identificación con la cortadura correspondiente y, como es lógico, cada racional en A_1 es menor que α y cada racional de A_2 es mayor que α. Lo demás es añadir a este concepto una base operacional, tarea que Dedekind realiza pocas páginas después en el mismo ensayo.

Los historiadores de la matemática han observado que (salvo quizás por esta base operacional) el concepto de "misma razón" se puede comparar con el concepto de cortadura de Dedekind. Basta observar que las partes X, Y que aparecieron párrafos atrás pueden asimilarse exitosamente, de forma correlativa, a los conjuntos A_1, A_2 que conforman la cortadura. Así mismo, la pertenencia o no de las razones $D : L$ a la parte X se puede comparar al papel de los números (racionales o irracionales, respectivamente) que *producen* la cortadura.

CAPÍTULO 4. LA ARITMÉTICA SUPERIOR DE LOS PITAGÓRICOS

Para otros, en cambio, esta comparación resulta forzada. Pudieran tener razón, si consideramos que Euclides (o Eudoxo, en cualquier caso) y Dedekind orientaban sus objetivos sobre dos terrenos de naturalezas totalmente distintas. Sin embargo, en matemática como en el poema de Manrique,[30] pareciera que todos los conceptos van al mismo mar. Sólo que en la matemática no se trata de "la mar, que es el morir" sino, por el contrario, de una mar que es renacer.

Retos del capítulo 4

Reto 4.1 En la figura 4.3 puede verse cómo generar sucesivamente $\sqrt{2}$, $\sqrt{3}$, etc. construyendo triángulos rectángulos uno de cuyos catetos mide 1. La figura así formada toma forma de espiral. Completa el dibujo hasta que alguna hipotenusa cruce uno de los triángulos ya dibujados. ¿Cuánto mide la hipotenusa anterior?

Reto 4.2 Demuestra que la descripción anterior a la llamada de este reto es la forma geométrica del denominado *algoritmo de Euclides* para el cálculo del máximo común divisor. Procede así: si a y b son dos enteros tales que $a > b$ entonces

  i. Si a es múltiplo de b entonces b es el mínimo común múltiplo buscado. Supongamos que no lo es.

  ii. Divida a entre b: $a = bc_1 + r_1$, $0 < r_1 < b$.

  iii. Divida b entre r_1: $b = r_1 c_1 + r_2$, $0 \leq r_2 < r_1$.

  iv. Si $r_2 = 0$ entonces r_1 es la respuesta buscada, caso contrario se repiten las divisiones sucesivas de r_1 entre r_2, etc. hasta que se llegue a una división entera, cuyo divisor será el máximo común múltiplo buscado.

Reto 4.3 Demuestra esta última afirmación. Para ello traza la diagonal que falta desde C y observa que aparecen triángulos isósceles semejantes entre si.

Reto 4.4 En la figura 4.9 D y L son, efectivamente, las medidas de la diagonal y el lado de un cuadrado. Una revisión cuidadosa muestra que A_5 está entre a_7 y a_8. Al respecto, ¿qué podríamos decir de

4.7. DE LOS GRIEGOS A DEDEKIND

A_{10}? ¿Y de A_{100}? ¿O de $A_{1\,000\,000}$? ¿Qué respuesta daríamos a las preguntas anteriores si D y L fueran el lado mayor y el lado menor, respectivamente, de la división áurea?

Reto 4.5 Con respecto a los "números lado y diagonal":

(a) Verifica que responden a las leyes de formación:
$$l_n = l_{n-1} + d_{n-1}, \qquad d_n = 2l_{n-1} + d_{n-1}.$$

(b) Demuestra que, para todo n, $d_n^2 - 2l_n^2 = (-1)^n$.

(c) Demuestra que la sucesión d_n/l_n es una sucesión alternante, es decir: si un término es mayor que el precedente, entonces es menor que el próximo y viceversa.

(d) Demuestra que la sucesión d_n/l_n converge a $\sqrt{2}$.

Reto 4.6

(a) Demuestra que las sucesiones de "números lado y diagonal"
$$l_n = l_{n-1} + d_{n-1}, \qquad d_n = 2l_{n-1} + d_{n-1}$$
son tales que d_n/l_n converge a $\sqrt{2}$ independientemente de los valores iniciales.

(b) ¿Cómo deben cambiarse las fórmulas anteriores para que d_n/l_n converja a $\sqrt{k}$, donde k es un número positivo cualquiera?

Reto 4.7 Considera la siguiente sucesión de "números lado y diagonal"
$$l_n = l_{n-1} + d_{n-1}, \qquad d_n = 3l_{n-1} + d_{n-1}.$$

Partiendo de $l_1 = d_1 = 1$ muestra que
$$\frac{d_9}{l_9} = \frac{265}{153} \qquad y \qquad \frac{d_{12}}{l_{12}} = \frac{1351}{780}.$$

¿Aventurarías la hipótesis de que Arquímedes pudo usar –en imitación del procedimiento pitagórico para aproximar $\sqrt{2}$– este método para su aproximación de $\sqrt{3}$? Defiende tu criterio.

CAPÍTULO 4. LA ARITMÉTICA SUPERIOR DE LOS PITAGÓRICOS

Reto 4.8 Demuestra que en todo triángulo, la bisectriz de un ángulo divide al lado opuesto en dos segmentos proporcionales a los lados del ángulo bisectado.

Reto 4.9 En la figura 4.14 el arco ATB está subtendido por el lado AB del n–gono regular inscrito en la circunferencia de centro O y radio OA; por su parte, CD es el lado (paralelo a AB) del n–gono

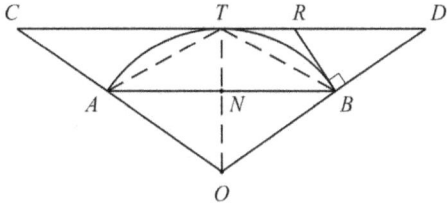

Figura 4.14: Aproximación al valor de π

regular circunscrito y T es el punto de tangencia de este lado con la circunferencia. R está en CD y RB es tangente a la circunferencia.

(a) Demuestra que AT y TB son lados del $2n$–gono inscrito en el círculo.

(b) Demuestra que BR es la mitad del lado del $2n$–gono circunscrito.

(c) Demuestra que el perímetro del $2n$–gono circunscrito es media armónica entre los perímetros de los n–gonos inscrito y circunscrito; esto es
$$\frac{2}{P_{2n}} = \frac{1}{P_n} + \frac{1}{p_n}.$$

(d) Demuestra que el perímetro del $2n$–gono inscrito es media geométrica entre los perímetros del n–gono inscrito y el $2n$–gono circunscrito; es decir
$$\frac{P_{2n}}{p_{2n}} = \frac{p_{2n}}{p_n}.$$

(e) Muestra cómo se pueden usar recursivamente las identidades anteriores para conseguir aproximaciones a π.

NOTAS Y REFERENCIAS BIBLIOGRÁFICAS DEL CAPÍTULO 4

Notas y referencias bibliográficas del capítulo 4

[1] Tomadas –como ha sido usual en nosotros– de [Euc91].

[2] El término griego λόγος es polisémico: aparte de la acepción matemática antedicha abarca conceptos como la capacidad de pensar o razonamiento y también designa a la palabra como tal.

[3] La historia –por demás interesante– de la simbología asociada a los conceptos de razón y proporción se consigue en [Caj93, Vol. 1, pp 278–297].

[4] [Euc56, Vol. 3, p. 1].

[5] [Pla96, p. 299].

[6] [Ari69, p. 132]. Subrayado nuestro.

[7] [Euc91, Vol. 3, p. 23].

[8] Por las razones expuestas, la proposición X.117 no aparece en todas las traducciones de Euclides. Lo que se leerá a continuación de la llamada a esta nota es mi traducción al español de una traducción al inglés de la versión clásica griega de Heiberg. Esta última me la hizo llegar amablemente el Prof. William C. Waterhouse de Penn State University, mediante la lista Historia Matematica.

[9] Bellas descripciones de la actitud griega hacia el infinito pueden encontrarse en [Bac82, pp. 7–14], [Ben64, pp.] o [Zel91, pp. 11–27].

[10] Aunque Aristóteles lo denominó *antanairesis* (ἀνταναίρεσις). Una hermosa, muy amplia y original reseña del valor del concepto de antifairesis en el pensamiento matemático griego clásico se consigue en [Fow99].

[11] [Euc91, Vol. 3, p. 12].

[12] Estas equivalencias entre proporciones están debidamente justificadas en los *Elementos* en la definiciones V.13 a V.15.

[13] [Euc91, Vol. 2, p. 9].

[14] Citado por Heath, [Euc56, Vol. 2, p.117].

[15] Que luego se llamaría *axioma de Arquímedes* por las importantes aplicaciones que este último le encontraría.

[16] [Euc91, Vol. 2, p. 10].

[17] No decimos "igual razón". A la distancia histórica parece una sutileza inútil; sin embargo, va más allá de esto. En inglés, De Morgan (citado por Heath) habla de "sameness of ratios", no de "equality of ratios". Difícilmente el uso castellano sancione el adjetivo "mismidad".

[18] [Euc91, Vol.2, p. 11].

[19] [Euc91, Vol. 2, p. 12]

[20] [Euc91, Vol. 3, p. 19].

[21] [Euc91, Vol. 2, p. 13]. María Luisa Puertas Castaño opina que, más allá de la deuda que la definición V.5 pudiera tener con Eudoxo, la V.7 es completamente euclidiana.

[22] [Euc91, Vol. 1, p. 279].

[23] [Euc91, Vol. 1, p. 281].

NOTAS Y REFERENCIAS BIBLIOGRÁFICAS DEL CAPÍTULO 4

(24) [Hea81, Vol. 1, p. 232].

(25) Una muestra es el texto *Arenario*, en el que demuestra al rey Gelón que el número de granos de arena del universo es finito y, de hecho, aproxima el número. El texto completo puede leerse en [JRNC68, Vol. 4, pp. 4–17].

(26) Si resolvemos el reto 4.8 podemos ver el por qué.

(27) [Ded63, pp. 1–27].

(28) [Ded63, p. 15].

(29) Traducción de D. J.

(30)

"Nuestras vidas son los ríos
que van a dar en la mar
que es el morir;
allí van los señoríos
derechos a se acabar
e consumir."

Jorge Manrique, poeta renacentista español.

Capítulo 5
Alcances del pitagorismo

¿Qué hace permanente a una idea? ¿Cuál es la magia que le permite atravesar los recovecos de la historia y descansar en ellos, asumiendo diferentes formas de vigencia? El pitagorismo vivió la paradoja de impregnar la calle, la comarca, la aldea, la ciudad y el mundo con sus influjos, aun cuando su maestro principal hubiera preferido el secreto de un conocimiento que concebía para elegidos. No obstante esta visión aristócrata, las ideas que produjeron el maestro y sus sectarios eran demasiado poderosas para resistir la prisión de la secta. ¡Y rompieron sus barrotes! Con su componente místico, con su componente racional; unas veces aislados, otras comprometidos. Cabalguemos el cuello del pájaro y asomemos la mirada mientras da su rápido vuelo.

5.1
Nicómaco y Boecio

El enorme florecimiento de la matemática del período alejandrino estuvo impregnado de las iniciativas pitagóricas, pero básicamente en los términos estrictamente racionales que estos pensadores fundacionales mezclaban de manera indistinta con su particular visión mística. Es así como la matemática griega avanza, extrayendo de las enseñanzas pitagóricas el componente que las hacía metafísica[1] y concentrándose en lo estrictamente racional. Las grandes cimas de la matemática griega se adornan con los nombres de Euclides, Arquímedes y Apolonio, todos posteriores a Alejandro, pero deudores profundos del legado pitagórico, influencia que conocemos a través de Platón y Aristóteles. La dominación romana produjo oscuridad en tanto la mente romana, aun cuando reconociera su profunda influencia griega, no era dada en absoluto al pensamiento matemático. Entrados ya en la era cristiana, aparecen solo dos grandes nombres: Herón (10–75 d. C.) en geometría y Diofanto (200–284 d. C.), cuya obra aritmética influiría de manera determinante sobre Fermat.

Sin embargo, hay un paréntesis entre Herón y Diofanto representado por el filósofo Nicómaco (?–?120 d C), quien hace retroceder la aritmética –es decir, la reflexión pitagórica sobre el ἀριθμός– de nuevo hacia la visión mística original. Pocos datos se tienen de Nicómaco, pero parece haber sido persona de importancia durante su vida, al punto que un personaje de una obra literaria dice en un diálogo "Calculas como Nicómaco". Lo cierto es que Nicómaco escribió –entre otras– dos obras de indudable estirpe pitagórica: el *Manual de armónicos* y la *Introducción a la aritmética*. Naturalmente, de esta última es de lo que queremos hablar, pero no sin antes echar una mirada a un pensador posterior: Anicio Manlio Torcuato Severino Boecio (480–524 d. C.)

Llamado simplemente Boecio por la posteridad, este fino pensador medieval nació en algún lugar cercano a Roma en el Imperio Bizantino. Su influencia fue descomunal, al punto que de él dice Juan Bautista

5.1. NICÓMACO Y BOECIO

Bergua:[2]

> Boecio fue el último de los filósofos de la antigüedad y el primero de los escolásticos. Desde San Agustín hasta el resurgimiento de Aristóteles, ningún filósofo gozó de más autoridad que él.

No obstante tamaña influencia –o quizá por ella misma– Boecio no pudo evitar que su vida alcanzara un final trágico y prematuro[3] por razones políticas, previo al cual pasó largo tiempo encerrado en la cárcel, en donde escribió lo que sería su obra fundamental: *De la consolación por la filosofía*,[4] obra en verso y prosa, en la cual la filosofía personificada lo visita en su calabozo y discute con él los temas de la vida que le atormentan.

Ahora bien, una obra de Boecio sería lo suficientemente importante como para permanecer viva durante mil años de vigencia, sobre toda la Edad Media posterior a su ciclo vital hasta entrado el Renacimiento; se trata de *De institutione arithmetica*[5] (para nosotros simplemente *Aritmética*). En este trabajo, Boecio vierte al latín el contenido de la *Aritmética* de Nicómaco, manteniendo su espíritu de una manera tan fundamental que puede considerarse más bien una traducción, aunque con las suficientes libertades para que algunos otros autores la hayan considerado obra original. Para juzgar en este sentido es necesario leer ambas obras, pero como una ayuda al lector hemos realizado un resumen capitular de cada una en los Apéndices 1 y 2 (páginas 154 y 157, respectivamente), con los cuales se puede tener una aproximación que esperamos sea si no suficiente, al menos orientadora.

Si intentamos leer estos textos desde la perspectiva del matemático moderno, que espera de sus lecturas la solidez teórica de Euclides o Arquímedes, podemos caer fácilmente en la irritabilidad de Bell:[6]

> Añadiendo enormes masas de disparartes numerológicos propios a una masa ya enorme de desatinos, transmitieron esta superstición a la edad de oro del pensamiento griego, que la pasó en el primer siglo d. C. al aritmologista decadente Nicómaco. Éste, enriqueciendo su ya opulento legado con una gran cantidad de desatinos originales, lo dejó para que fuera cribado por el romano Boecio, la lucecita matemática de la Edad Media, obscureciendo así el espíritu de la Europa cristiana con el disparate venerado y alentando la geometría de los talmúdicos para que floreciera como una mala hierba.

De más provecho –desde el punto de vista histórico– pareciera ser una visión del contenido de estos textos apuntando a un criterio de formación moral antes que científico. A estos "aritmologistas" posiblemente les interesaba el hecho de que las relaciones numéricas sirvieran como ejemplo de un ordenamiento cósmico, al cual el Hombre debía aspirar, en vez de ser objetos cuyo propio orden interno invitara a un estudio que de seguro distraería el interés fundamental: lo que se tenía era suficientemente profundo como para convocar al Hombre a su modelado. Al respecto, vale la pena leer a Masi:[7]

> La Ética es una disciplina filosófica, pero en muchas obras literarias medievales su naturaleza está condicionada por el estudio de las ciencias matemáticas de las Artes Liberales... Las implicaciones éticas del estudio del quadrivium[8] se evidencian desde el comienzo de *De institutione arithmetica*... Al igual que los números perfectos, la virtud no es común y muchas conductas morales están recortadas o son excesivas respecto al justo medio... La idea del orden propio de las esferas y de los elementos del universo, es la medida de la adhesión del hombre a la ley moral, sin embargo el hombre algunas veces yerra en encontrar esta medida.

Vamos entonces sobre el contenido de los textos.

5.2 Comentario acerca de las Aritméticas. Libro 1

Luego de algún ejercicio de metafísica, se procede a categorizar el número, siendo la primera división notable la que lo separa en *par* e *impar*. Las definiciones ya han sido suficientemente comentadas en el capítulo 1, así como las subdivisiones y problemas que generan. Estamos hablando de términos como *parmente par* y conexos, *primos*, etc. Es importante, con relación a los primos, destacar el hecho de que ambos autores incluyen el procedimiento de la *criba de Eratóstenes*[9] para identificar números primos.

En el trato con las categorías de números *excesivos*, *deficientes* y *perfectos* vemos con notable claridad las intenciones morales de ambos libros. Por ejemplo, Nicómaco afirma:[10]

> Pues en el campo de lo mayor surgen los excesos, avaricia y sobreabundancia, y en el de lo menor necesidad, deficiencias, privaciones y faltas; mientras que en lo que está entre lo mayor y lo menor, es decir en lo igual, están las virtudes, riquezas, moderación, propiedad, belleza y cosas así, hacia las cuales la susodicha forma del número –lo perfecto– es más afín.

5.2. COMENTARIO ACERCA DE LAS ARITMÉTICAS. LIBRO 1

Ambos autores comparan los números excesivos y deficientes con los engendros más horribles que hayan podido imaginar: animales con varias filas de dientes, cíclopes, etc. En contraposición, los números perfectos acompañan a las virtudes y, como ellas, suelen ser raros de encontrar. Más allá de toda esta numerología, hablando estrictamente de aritmética, ya hemos comentado la abundancia de afirmaciones sin prueba, las cuales parecen ser enunciadas por inducción empírica, pues algunas son erróneas.

Un punto que hasta ahora no hemos tocado es el correspondiente a *la desigualdad* o *cantidad relativa*. Con relación a otro, un número puder ser *igual*, *mayor* o *menor*. Pero dentro de la categoría de mayor se incluyen unas clasificaciones interesantes:

- *Múltiples*: números que contienen a otro un número entero de veces.
  Modernamente: p y kp.

- *Superparticulares*: números que contienen a otro una vez y una parte.
  Modernamente: p y $(1+\frac{1}{n})p$. Se entiende que p es múltiplo de n.

- *Superpartientes*: números que contienen a otro una vez y varias partes.
  Modernamente: p y $(1+\frac{m}{n})p$, donde $1 < m < n$, en el entendido que p es múltiplo de n.

- *Múltiples superparticulares*: números que contienen a otro varias veces y una parte.
  Modernamente: p y $(r+\frac{1}{n})p$, donde $r > 1$.

- *Múltiples superpartientes*: números que contienen a otro varias veces y varias partes.
  Modernamente: p y $(r+\frac{m}{n})p$. (El lector indicará las restricciones necesarias.)

Todas estas divisiones se pueden volcar sobre la categoría de *menor* simplemente usando el prefijo "sub": *submúltiple*, *subsuperparticular*, etc. Representan las relaciones inversas a las de la lista anterior. Por ejemplo: 12 es múltiplo de 3, por lo cual 3 es submúltiplo de 12; 20 es superpartiente de 15 (en razón $\frac{1}{3}$), por lo cual 15 es subsuperpartiente de 20. Toda esta nomenclatura es terreno abonado para el nacimiento de nueva nomenclatura: los superparticulares podían ser *sesquialter*, si la razón añadida es $\frac{1}{2}$ o *sesquitercios* si fuera $\frac{1}{3}$; por ejemplo: 9 es sesquialter

CAPÍTULO 5. ALCANCES DEL PITAGORISMO

de 6 $[9 = (1 + \frac{1}{2})6]$, 4 es sesquitercio de 3; etc. El prefijo "sub" enriquecía este vocabulario... si la abundancia de términos triviales –desde su composición etimológica– significa enriquecimiento de algo.

El libro 1 (tanto de Nicómaco como de Boecio) termina mostrando cómo construir tablas de estos números, entre las que destaca una que durante mucho tiempo (y hasta épocas recientes) se usó como auxiliar para la enseñanza de la multiplicación en la escuela primaria; se llegó a denominar –con cierta exageración– *tabla pitagórica de multiplicar*, pues parece que su invención se debe al propio Nicómaco. La tabla pitagórica de multiplicar es el siguiente arreglo de números

1	2	3	4	5	6	7	8	9	10
2	4	6	8	10	12	14	16	18	20
3	6	9	12	15	18	21	24	27	30
4	8	12	16	20	24	28	32	36	40
5	10	15	20	25	30	35	40	45	50
6	12	18	24	30	36	42	48	54	60
7	14	21	28	35	42	49	56	63	70
8	16	24	32	40	48	56	64	72	80
9	18	27	36	45	54	63	72	81	90
10	20	30	40	50	60	70	80	90	100

en la cual la primera fila contiene los múltiplos de 1, la segunda los de 2, etc.

Si estas tablas no se usan hoy en la enseñanza elemental no debe ser por otra cosa distinta a un prejuicio metodológico, de esos que pretenden sepultar con dejo aristocrático todo lo que huela a viejo. No obstante, la sola contemplación de la tabla ya arroja algunas cosas que ayudan a la intución a pensar en propiedades generales: una buena manera de hacer matemática desde las propias bases de la formación intelectual. A Nicómaco y Boecio les ayudó a ilustrar su florida nomenclatura de diversas formas: cada fila desde la segunda contiene múltiples de la primera; la tercera fila está formada por los sesquialter de la segunda; la cuarta fila por los sesquitercios de la tercera; de hecho cada fila contiene superparticulares de la fila anterior; de dos filas que no están seguidas o bien una contiene múltiples de la otra o bien múltiples superparticulares.

Reto 5.1

Mirados desde la perspectiva actual, los cálculos necesarios para contruir estas tablas arrancan algunas sonrisas compasivas que posiblemente provienen de comparaciones absolutamente fuera de contexto.

5.3
Comentario acerca de las Aritméticas. Libro 2

El segundo libro comienza haciendo hincapié en que la desigualdad proviene de la igualdad,[11] observación que sirve para entrar en consideraciones metafísicas, pero también para buscar procedimientos matemáticos que inician la entrada al tema de las proporciones y las progresiones.

Reto 5.2   Reto 5.3

Después de estas consideraciones, los textos se deslizan hacia un tema que ya hemos comentado en la sección 1.5 de la página 22: la forma de los números. No obstante, vale la pena notar que solo hemos hablado de la forma de los números en el plano, pero también es posible llevar la discusión hacia el espacio y tratar el tema de los *números sólidos*: *cúbicos, paralelepípedos, esféricos*, etc.

De nuestro interés posterior serán los *piramidales*, nombre que comprende los números obtenidos como suma de números de una misma forma plana pero con valores descendentes; por ejemplo 91 es un piramidal de base cuadrada ya que $91 = 36+25+16+9+4+1$ (la unidad debe incluirse en cualquiera de las formas de los números: todas las formas comienzan desde ella, como del punto geométrico); otro ejemplo, pero esta vez de *pirámide truncada* es 190, en efecto $190 = 64+49+36+25+16$.[12]

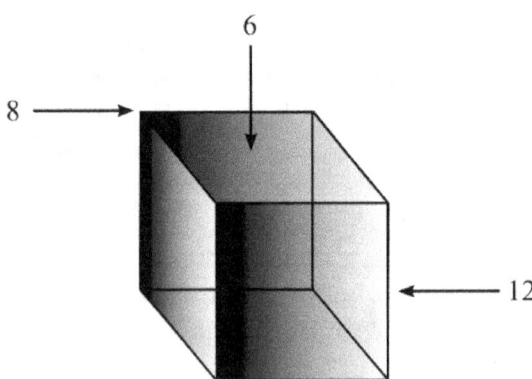

Figura 5.1: El cubo contiene en sí la proporción armónica.

Los libros terminan con los temas centrales de la reflexión pitagórica: la *razón* y la *proporción*, especialmente con aquellas tres que provienen de la propia tradición de la escuela: *aritmética, geométrica* y *armónica*;

CAPÍTULO 5. ALCANCES DEL PITAGORISMO

se procede a las definiciones y se dan ejemplos particulares. (Una de las figura platónicas más sencillas, el cubo, contiene la proporción armónica pues, tal como se puede ver en la figura 5.1, tiene 6 caras, 8 vértices y 12 aristas.) A partir de ellas se definen las subcontrarias, todas innominadas, además de lo cual "los modernos" (Nicómaco dixit) definieron otras cuatro que elevan el número de ellas a diez, la perfección pitagórica en el sentido de tetractys que recoge la página 20.

El último capítulo se dedica a *la proporción más perfecta*, tema ya tocado por nosotros en la página 32. A partir del ejemplo 6, 8, 9, 12 de esta proporción se muestra cómo la misma contiene los más importantes intervalos musicales: diapente, diatesaron y diapason. Culmina así el mensaje de estos textos mostrando la delicada interrelación de conceptos entre las dos principales ramas del quadrivium.

5.4
Rithmomachia

> *A mi amigo Tomás Guardia, pionero de la práctica de rithmomachia en Venezuela.*

> Cuando el tema de los juegos numéricos sea ventilado de manera adecuada y contada la larga e interesante historia de cómo el mundo ha aprendido a manipular pequeñas cifras, tanto para la distracción como para el comercio, el enfoque probablemente se dirigirá al capítulo relacionado con la Batalla de los Números, la Rithmomachia de la Edad Media. Porque aquí comienza un viaje pleno de dificultades intelectuales, un pasatiempo que superó al ajedrez así como el ajedrez superó al insulso juego de dados; un juego que por su propia naturaleza sería más cercano a las mentes selectas entrenadas en la aritmética de Boecio, el Nicómaco latinizado: el último gran esfuerzo de la filosofía numérica pitagórica.

Así comienza David Eugene Smith,[13] su seminal artículo de 1911 dedicado al juego de rithmomachia (se lee "ritmomaquia"). Posiblemente sea éste el primer artículo acerca del tema en el siglo XX, luego de una cantidad indefinida de años en los que la materia yacía sepultada por el olvidó que compartió con las fallecidas motivaciones que le dieron vida.[14]

Imagina uno a alguno de esos tantos héroes anónimos que en la historia han sido, escarbando vías para poner en contacto a los aprendices de la *Aritmética* de Boecio, de una manera lúdica con el fascinante mundo

5.4. RITHMOMACHIA

conceptual que el libro expone: el juego siempre ha sido un camino hacia el conocimiento, en particular al conocimiento matemático.[15] Ecos nos llegan de un origen remontado al pitagorimo o incluso emanado de la propia cabeza de Pitágoras, mas no parecen estos ecos tener alguna sustentación: *el juego de rithmomachia es de origen medieval*. Pero, ¿de qué estamos hablando?

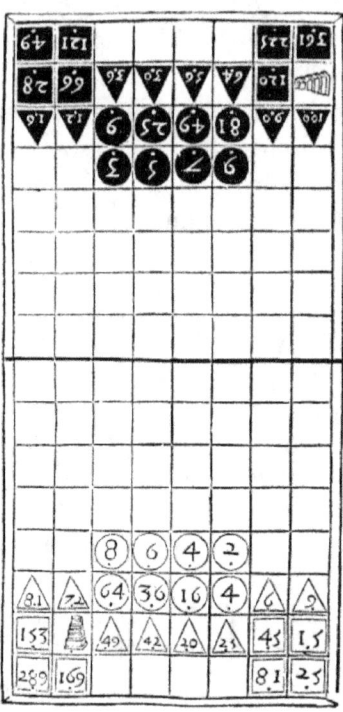

Figura 5.2: Disposición inicial del juego de rithmomachia (Boissiere)

Posemos nuestra atención en un tablero de 8×16 cuadros[16] que enfrenta a dos ejércitos de fichas numeradas de dos colores distintos, digamos blanco y negro. La tradición dicta que todo el que comente rithmomachia reproduce el diagrama clásico de Boissiere (de mediados del siglo XVI) que muestra las disposición de las piezas al inicio del juego;[17] no será este libro el que rompa esa tradición, así que está a la disposición en la figura 5.2. Lo primero que salta a la vista es la asimetría numérica: son muy distintos los conjuntos de números de bando y bando, es más, algunos parecieran arbitrarios; contrasta entonces la simetría de formas: salvo por una rara pieza que parece romper la armonía, la disposición de figuras es la misma en ambos bandos: círculos, triángulos y cuadrados están igualmente dispuestos.

CAPÍTULO 5. ALCANCES DEL PITAGORISMO

No obstante hay una explicación tanto para la asimetría numérica, como para la aparente arbitrariedad de los valores. Tal explicación está asentada en la raigambre pitagórica del libro de Boecio y puede sustentarse gráficamente como lo muestra la figura 5.3. Tenemos seis filas de piezas, separadas en grupos de a dos según su forma; veremos que cada fila se obtiene de la anterior mediante las categorías de las desigualdades de *De institutione arithmetica*.

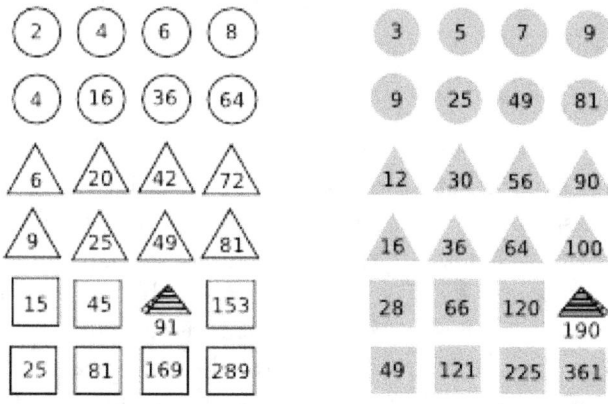

Figura 5.3: Valores de las piezas de rithmomachia

La forma básica es el círculo y la primera fila define la esencia del juego: *pares contra impares*, los primeros mostrando cara blanca, los segundos negra. (Con una excepción, cada pieza de rithmomachia tiene dos caras de distinto color, con el mismo número en ambas caras.) Llamenos n a cualquiera de los números de esta primera fila (par o impar). La segunda fila se hace con *múltiples de la primera*. ¿Como se toma el factor de repetición? Respuesta: igual al mismo número n. Por eso de $\{2, 4, 6, 8, 3, 5, 7, 9\}$ obtenemos $\{4, 16, 36, 64, 9, 25, 49, 81\}$, que da la segunda fila de círculos.

La tercera y cuarta filas están hechas de triángulos y los valores son *superparticulares de su fila anterior* en la razón $\frac{1}{n}$ para cada uno de los números. Ejemplos: $(1 + \frac{1}{2})4 = 6$, $(1 + \frac{1}{4})20 = 25$, ..., $(1 + \frac{1}{3})9 = 12$, $(1 + \frac{1}{7})56 = 64$.

La quinta y la sexta fila están hechas de cuadrados con números *superpartientes de la fila anterior* en la razón más alta que se puede tomar un superpartiente, esto es $\frac{n}{n+1}$. Ejemplos: $(1 + \frac{2}{3})9 = 15$, $(1 + \frac{4}{5})45 = 81$, ..., $(1 + \frac{3}{4})16 = 28$, $(1 + \frac{7}{8})120 = 225$.

En cada bando hay un cuadrado que es sustituido por otra pieza. Nótese que los valores de estas piezas son 91 y 190 respectivamente. En

5.4. RITHMOMACHIA

la página 144 vimos que estos números son piramidales de base cuadrada. Por lo tanto estas piezas, llamadas *pirámides*, están constituidas por fichas separadas *unicoloreadas* (blancas o negras), de tamaño decreciente de las tres formas utilizadas, las cuales llevan impresos los números cuadrados que suman el número piramidal correspondiente. La pirámide blanca 91 está coronada por una forma puntiaguda que representa a la unidad: ¡hay tanto del espíritu pitagórico en este pequeño detalle! Tal forma no aparece en la pirámide negra 190, pues recordemos que ésta es una pirámide truncada (tricurta).

Reto 5.4

El lector que busca reglas de juego en los manuales disponibles solo necesita leer dos de ellos para entrar en confusión, pero incurrirá en pecado si permite que esta pequeña babel trueque en desánimo lo que fuera motivación inicial. Moyer nos dice que tales reglas estaban sujetas a variaciones[18] tocadas por lo local o incluso por la habilidad de los jugadores. El juego es varios juegos, pero lo importante es mantener el espíritu para el cual fue ideado, espíritu que parte de la enseñanza de dos textos clásicos cuyos temas (aritmética y música) eran forja de los más altos ideales humanos.[19] El propio nombre del juego –derivado del griego– es un resumen de todas estas intenciones: el prefijo *rithmo* da una idea cuya musicalidad es indudable, pero al mismo tiempo sirve como apócope de ἀριθμός, el número pitagórico; el sufijo *machia*, por su parte, significa "batalla", por lo que no es osado traducir el nombre como *batalla rítmica de los números*.

Cualesquiera sean las reglas con las que se juegue, la protagonista del juego es la aritmética: la de las cuatro operaciones básicas (suma, resta, multiplicación y división), sazonadas con algo de potenciación y radicación y con un componente adicional cuya ausencia le hubiera hecho perder naturaleza al juego: las proporciones pitagóricas. Los ejércitos de rithmomachia tienen como objetivo magno ocupar el terreno rival con armonía, esto es por medio de alguna o varias proporciones de las tres provenientes del pitagorismo original: aritmética, geométrica y armónica. Si se consigue la invasión con las tres proporciones al mismo tiempo se obtiene la más digna de todas las victorias: la victoria *prestantísima* o *excelentísima*, reservada solo para quienes hayan alcanzado alto vuelo con el juego.

Los aprendices o jugadores menos experimentados tienen a su disposición una gama muy creativa y entretenida de victorias más sencillas, que proceden básicamente por acumulación o bien de puntos o bien de fichas o bien de combinaciones de ambas. Las capturas de las piezas

CAPÍTULO 5. ALCANCES DEL PITAGORISMO

enemigas proceden, con una sola excepción, por operaciones aritméticas que igualan numéricamente a las piezas atacantes con la pieza atacada. Sin embargo, rithmomachia no es una batalla cruenta: los capturados no mueren, solo quedan prisioneros para ser convertidos por el capturador en soldados de su propio ejército, si le hiciera falta. Es esta la razón por la que las piezas son doblemente coloreadas, aunque algunos quieren ver en ello la dualidad que nos hace contradictorios por humanos, esa que Walt Whitman describió tan cruda y claramente: "¿Qué me contradigo? ¡Claro que me contradigo! Soy un Hombre: contengo multitudes."

La práctica de rithmomachia se extendió por todo el segmento de la Edad Media que transcurrió desde su nacimiento hasta buena parte del Renacimiento europeo, de donde nos han llegado los manuales del juego, aunque hay referencias a él en una obra medieval (siglo XIII) llamada *De vetula* (*Acerca de la vieja*), firmada apócrifamente por Ovidio; el anónimo poeta que la escribió dedicó a rithmomachia quince líneas de su extenso poema.[20] Rithmomachia se jugaba dentro de las élites intelectuales que tenían el quadrivium como una de sus preocupaciones, entre las cuales llegó a ser más popular que el ajedrez. Se dice que hasta Gerberto de Aurillac (el papa Silvestre II, uno de los pioneros de la introducción del sistema indoarábigo de numeración en Europa) fue uno de sus practicantes. El piadoso Tomás Moro menciona el juego en su *Utopía*.

¿Intentar la recuperación de la práctica de rithmomachia sería una necia muestra de nostalgia? Habría que preguntar si el descuido de la escuela actual por las habilidades básicas no ha producido cierta clase de ciudadano, más orientado por los fines prácticos que por consideraciones netamente humanas o, mejor, espirituales. *De vetula* emite una dolorosa queja al ver que su época dejó de lado "philosophia" para concentrarse en "philopecunia",[21] en otras palabras sustituyó el "amor a la sabiduría" por el "amor al dinero". Esta visión crematística de la vida pareciera ganar terreno en un mundo, donde la útil e insustituible tecnología ha sido fuente de molicie, pereza y falta de curiosidad, cuando debería significar más bien un reto a la búsqueda de profundidad. Podría ayudar volver a las fuentes originales que exigen a nuestro cerebro entrenamiento en habilidades básicas; entrenamiento que, sin duda, puede mantener vivas y despiertas las neuronas que inducen la curiosidad. Hasta la tecnología podría ayudar a este necesario retorno.

5.5. MÁS ALLÁ DEL MEDIOEVO

> **5.5**
> **Más allá del medioevo**

La corta vida de Boecio transcurre entre los siglos V y VI de nuestra era, pero su influencia se esparció por todo el resto de la Edad Media y parte del Renacimiento, a través de sus textos de *Aritmética* y *Música*.[22] Boecio fue el autor del término *quadrivium*, aun cuando Marciano Capela es quien establece en siete el conjunto de las *artes liberales*, esto es: gramática, dialéctica, retórica, (*trivium*) aritmética, música, geometría y astronomía (*quadrivium*), pero la misma denominación en sí de "artes liberales" corresponde a Casiodoro.[23]

En la primera parte del medioevo (posiblemente hasta el siglo X), el conocimiento aritmético se desarrolló bajo la influencia directa de los textos de Nicómaco y Boecio, cuya visión era fundamentalmente mística y teológica. De hecho, no fue Boecio el único comentador de Nicómaco –también incluímos en este grupo a Marciano Capela, Casiodoro e Isidoro de Sevilla– pero sin duda que fue el más importante. No obstante esta influencia mística, había problemas prácticos que resolver como los derivados del comercio y el cálculo de la fecha de Pascua. Este último hacía que la aritmética tuviera un lugar muy importante en la formación de los religiosos de la época. Estos problemas prácticos implicaban necesidades de cálculo, pero hay que imaginar la dificultad que éstas generaban al ser intentadas con la obtusa numeración aditiva romana.[24] Se impuso entonces el uso del ábaco para la realización de las cuentas, aun cuando los resultados se expresaban en números romanos.

Al término del siglo X, resplandece la figura de Gerberto de Aurillac –primer Papa francés quien adoptó el nombre de Silvestre II desde 999 hasta 1003– no como un matemático de altura (que en realidad no los hubo en la Edad Media), sino más bien como un impulsador del conocimiento matemático. Gerberto propone el sistema de numeración arábigo, pero prescinde del cero como símbolo, aun cuando en el famoso ábaco de su propia invención, aparece como espacio vacío. Varios libros acerca del manejo del ábaco se escribieron por aquellos días, entre ellos uno del propio Gerberto y otro de Hermann Von Reichenau, conocido también como Hermannus Contractus. Todo esto dentro del aspecto práctico – o *logístico*, como también se le decía– de los problemas asociados a los números.

El aspecto teórico –que era lo que por entonces se llamaba *aritmética*– quedó a cargo de las nacientes universidades. Los siglos XII y XIII encuentran a estas intituciones ocupadas con el libro de Boecio (y algunas veces con Casiodoro o Isidoro). Esto en lo que respecta a los alumnos que

CAPÍTULO 5. ALCANCES DEL PITAGORISMO

orientaban sus pasos por el quadrivium, los cuales no parece que constituyeran regularmente una mayoría. Esta época es la de recuperación del legado griego, por la vía de la traducción al latín de las traducciones árabes de los textos clásicos. Es decir, que mientras Europa se concentró en conciliar a Platón y Aristóteles con la tradición judeo–cristiana (incluso a la fuerza, como lo intentó la Inquisición), los árabes aprovecharon su naciente visión religiosa como una manera de comprender tanto al mundo como al pensamiento humano, para explorar cómo este último podía construir caminos que explicaran el primero. Goldstein escribe:[25]

> ... la ciencia islámica era producto pragmático de una cultura religiosa que consideraba la tierra como un jardín, no como un terreno de pruebas para el poderío de la raza humana.

De este período histórico, la influencia arábiga sobre la concepción científica occidental escapa de los alcances de este libro, tanto por el orden temático como por la profundidad exigida por un análisis que está más allá de nuestros propósitos; el lector interesado podría consultar a Goldstein.[26] Los nombres europeos que destacan son Gerardo de Cremona (como traductor), Adelardo y Juan de Sevilla.

Del siglo XIII en adelante, el ábaco florece como método de cálculo en una época donde lo racional parece comenzar a tomar auge, aun cuando no ha desaparecido del todo el lado místico de la aritmética heredado de Nicómaco y –por extensión– del mismo Pitágoras. Los números arábigos y el sistema posicional continúan abriéndose paso, pero el peso cultural que imponía la numeración romana no fue nada fácil de deslastrar. En 1202, Leonardo de Pisa (Fibonacci) escribe *Liber abaci*, en el que explica el uso de la numeración posicional arábiga, lo que incluye al cero. Aparte de esto, resuelve algunos sencillos problemas de álgebra y propone la hoy famosa *sucesión de Fibonacci*: 1, 1, 2, 3, 5, 8, 13, etc. en la que cada término después del segundo es la suma de los dos anteriores. Por extraño que parezca, *Liber abaci* tuvo más influencia en la calle (comercio y otros cálculos prácticos) que en las universidades.

A partir de cierto momento, el trivium (especialmente la dialéctica, o lógica) prevaleció sobre el quadrivium, que ofrecía más dificultades para la obtención temprana de grados académicos, principal objetivo de muchos estudiantes. No obstante, permaneció en las universidades algún restante de la antigua orientación hacia el saber por el saber mismo, lo que significó la permanencia de la enseñanza de la aritmética, conviviendo con la logística o arte de calcular. Esto originó el desplazamiento de los aspectos místicos de la enseñanza de Boecio, hacia los problemas intrínsecos del estudio del número en sí, camino que en poco tiempo

5.5. MÁS ALLÁ DEL MEDIOEVO

se orientó hacia el álgebra. Fueron los tiempos del destacado Jordanus Nemorarius, cuya obra aritmética influyó hasta el siglo XVI.

Cerrada la Edad Media, la matemática inicia otros tránsitos que dejan totalmente en el olvido el componente místico del pitagorismo. Éste –que, por otra parte, no es un fenómeno aislado sino una de muchas manifestaciones del mismo tipo– se convirtió en abono de nuevas sectas o terreno de charlatanes y farsantes estafadores de fé.[27] Todavía en el siglo XVI, los científicos –que ya lo eran en el sentido actual de la palabra– veían la astrología como una disciplina respetable (incluso astrónomos como el gran Tycho Brahe), pero reconocían su debilidad al no poder estar soportadas sus conclusiones por la matemática.[28]

Lo cierto es que a partir del Renacimiento la evolución de la matemática es desenfrenada e indetenible. Nace finalmente el álgebra, de manos de Vieta, Cardano y Tartaglia. Surgen los logaritmos de las mentes de Napier y Briggs, facilitando el trabajo de marinos y astrónomos. Producen Descartes y Fermat la geometría analítica, enlazando dos conceptos que los griegos siempre admitieron de naturalezas diferentes: el número y la forma. El mismo Fermat abre agrestes territorios de la aritmética, convirtiéndola en el fértil terreno que es hoy la teoría de números. La magistral síntesis newtoniana de los fenómenos de la naturaleza haría producir al sabio ingés–al mismo tiempo que el alemán Leibniz– el cálculo infinitesimal.[29] El nacimiento del cálculo produjo una avalancha de matemática esparcida por los más importantes países de la Europa continental.[30]

Se trató de una avalancha alegre en la que se fueron dejando de lado aspectos filosóficos del asunto, que luego reclamaron su propio espacio. Y en el momento en que estos aspectos filosóficos entran en escena, regresa al terreno la inmensa figura de Pitágoras. Se hizo necesario revisar y precisar el concepto de número, con lo que el ἀριθμός pitagórico retornaría a los problemas que llevaron a Eudoxo a la gestación de sus razones iguales, las que Euclides expondría en su libro V. En el fondo, la dificultad que imponía esta revisión y conceptualización era la de poner a los matemáticos al frente de uno de sus más temidos fantasmas: el infinito.

Los siglos XIX y XX fueron los testigos de esta difícil polémica, que hoy en el XXI aun no termina. El exponente principal del apego al ἀριθμός fue Leopold Kronecker quien, casi como un grito de guerra, dejó caer su famosa frase: "Dios inventó los números naturales, lo demás lo hizo el Hombre".[31] Pretendía así el prusiano detener el avance de las revolucionarias ideas de Georg Cantor, con las que éste ascendía al *infinito* al carácter de sujeto, contra la historia –que con su indudable raigambre griega– lo había relegado al de simple predicado. No obstante

CAPÍTULO 5. ALCANCES DEL PITAGORISMO

–aun cuando Cantor enloquecería ante tamaña presión– sus ideas ganaron un espacio que hoy es irrefutable. Tal como lo expresó David Hilbert: "Nadie podrá expulsarnos del paraíso que Cantor ha creado para nosotros".[32] La fundamentación del terreno en el que los matemáticos levantarían su edificio conceptual distó mucho de ser un lecho de rosas.

Apasionante como es, este tema ocuparía muchas más páginas de las que a él podemos dedicar. Valga decir que dejamos de lado varias de sus aristas más interesantes, así como enorme cantidad de nombres importantes.[33] Lo central es el hecho de que la matemática –al contrario de lo que mucha gente suele pensar respecto a la definitividad de sus resultados– es un organismo vivo, que genera permanente creación de nuevas reflexiones alrededor de sus dos temas centrales: el número y la forma, las inquietudes principales que movían a los sectarios del siglo V a. C. que, en el interior de una cueva, oían arrobados a un maestro.

El estudio de la Naturaleza tampoco ha escapado del influjo milenario del pitagorismo. La relatividad demostró que materia y energía son manifestaciones distintas de la misma entidad; la física cuántica concibe a ambas constituidas de manera corpuscular, a partir de una magnitud que no puede ser dividida: el cuanto. Esto hace quedar como una incógnita la interrogante de hasta qué punto la continuidad –tan apreciada por los matemáticos– puede explicar la intimidad última de la Naturaleza, que tercamente parece exigir en este extremo la presencia del número natural –el ἀριθμός– como condición ontológica de sustentación. Pitágoras estaría sonriente.

Lamentablemente, el mundo que se deriva de tal concepción le hace perder al científico la seguridad que ya le había dado la física de Newton, introduciendo al Universo en una visión en la que domina lo probable, en la que la Naturaleza debe tomar decisiones dentro de varias alternativas posibles. La física moderna ha visto cómo algunos de sus mejores practicantes reconocen que estas nuevas visiones conducen al pensamiento místico. Sin embargo, tales visiones no son aceptadas por toda la comunidad, aunque la respuesta que ha recibido la física cuántica también tiene un componente místico–religioso: "Dios no juega a los dados con el Universo".[34] Las huellas de Pitágoras parecen imborrables.

APÉNDICE 1
Resumen capitular de la Aritmética de Nicómaco

Libro 1

Capítulo I. Definición de la sabiduría y clasificación de las cosas en materiales e inmateriales.

Capítulo II. Cita del Timeo, Platón. Magnitudes y multitudes como expresión de lo continuo y lo discreto.

Capítulo III. Grados de lo concreto y lo continuo: aritmética y música como estudio de la cantidad (absoluta y relativa); geometría y astronomía como estudio del tamaño (en reposo y en movimiento).

Capítulo IV. Prioridad en el aprendizaje de la aritmética: la aritmética está en la mente de Dios antes de cualquier otra disciplina. Además, todas las ciencias precisan de ella y ella de ninguna. ¿Cómo pueden existir triángulos si no existe el 3?

Capítulo V. Subordinación de la música a la aritmética.

Capítulo VI. Todo lo ordenado depende del número, que es pre–existente en la mente de Dios creador. El número científico se crea por sí mismo, sin auxilio de las cosas y se separa en dos géneros opuestos: lo *par* y lo *impar*.

Capítulo VII. Definición de *número*, de par e impar.

Capítulo VIII. Relación de un número con sus vecinos en la secuencia numérica natural. Subdivisiones de los pares: *parmente par, parmente impar, imparmente par*. Definición y generación de lo parmente par. Relación de cada número parmente par con sus vecinos en la sucesión.

Capítulo IX. Caracterización de lo parmente impar (opuesto a lo parmente par).

Capítulo X. Caracterización de lo imparmente par. Comparte características de parmente par y parmente impar, así como características de sus partes (divisores). Se muestra un algoritmo de generación.

Capítulo XI. Separación de los impares en *primos, compuestos* y una tercera opción. Caracterización de los primos. Etimología.

Capítulo XII. Caracterización de los compuestos.

Capítulo XIII. Definición de *primos relativos* (la tercera opción). Descripción de la "criba" de Eratóstenes. Descripción del algoritmo de Euclides para identificar primos relativos.

Capítulo XIV. Números *excesivos, deficientes* y *perfectos*. Caracterización de los excesivos. Consideraciones estéticas.

Capítulo XV. Caracterización de los números deficientes. Consideraciones estéticas.

Capítulo XVI. Números perfectos. Consideraciones estéticas. Algoritmo de Euclides para producir números perfectos. Conjeturas erradas. La unidad es un número perfecto en lo potencial, mas no en lo actual.

Capítulo XVII. Igualdad y desigualdad. Primera subdivisión de la desigualdad: lo *mayor* y lo *menor*. Segunda subdivisión de la desigualdad:

el *múltiple*, el *superparticular*, el *superpartiente*, el *múltiple superparticular* y el *múltiple superpartiente*. También sus opuestos: *submúltiple*, *subsuperparticular*, etc.

Capítulo XVIII. Definición y caracterización de los múltiples y submúltiples.

Capítulo XIX. Definición y caracterización de los superparticulares. Tabla de multiplicar pitagórica en la que Nicómaco muestra propiedades y relaciones que –a su entender– son notables.

Capítulo XX. Definición y caracterización de los superpartientes.

Capítulo XXI. Construcción de una tabla de superpartientes.

Capítulo XXII. Definición y caracterización del múltiple superparticular.

Capítulo XXIII. Definición y caracterización del múltiple superpartiente.

Libro 2

Capítulo I. Definición de *elemento*. La igualdad como principio elemental del número relativo. La unidad y la diada son elementos del número absoluto. La desigualdad tiene su origen en la igualdad.

Capítulo II. Procedimiento para convertir una progresión geométrica en otra progresión geométrica de razón una unidad menor. Relación con la generación del alma en el Timeo de Platón.

Capítulo III. Generación de un triángulo rectángulo numérico con un cateto horizontal que contiene una progresión geométrica de razón 2, su hipotenusa contiene las potencias de 3 y su cateto vertical los superpartientes de razón 2.

Capítulo IV. Igual al III, pero para los números 3, 4, 3 (en vez de 2, 3, 2).

Capítulo V. Combinaciones de diferentes tipos de proporción para producir nuevos números.

Capítulo VI. Relación entre las diferenes ramas de la matemática y prioridad de la aritmética. Los nombres de los números son convenciones humanas. Semejanzas entre la unidad y el punto. Definición de "dimensión" y ejemplos: línea, superficie y sólido.

Capítulo VII. Prelaciones entre los elementos geométricos. Introducción a la forma de los números. El triángulo como la forma más elemental.

Capítulo VIII. Generación de los números *triangulares*.

Capítulo IX. Generación de los números *cuadrados* como suma de impares.

Capítulo X. Generación de los números *pentagonales*.

Capítulo XI. Generación de los números *poligonales* en general, por adición de los términos de progresiones aritméticas específicas.

Capítulo XII. Relaciones entre números poligonales de diferentes especies.

Capítulo XIII. Números *sólidos*. Números *piramidales* como adición de poligonales decrecientes de una misma forma. Números piramidales de base triangular.

Capítulo XIV. Pirámides de base cuadrada y de base poligonal genérica.

APÉNDICE 1: Capítulos de la Aritmética *de Nicómaco*

Capítulo XV. Números *cúbicos*. Elementos del cubo: caras, aristas y vértices.

Capítulo XVI. Sólidos de dimensionnes desiguales o *escalenos* (cuñas). El *paralelepípedo* como figura intermedia entre el cubo y las figuras escalenas.

Capítulo XVII. Números *heteromécicos*: planos cuyas dimensiones difieren en una unidad. Números *oblongos*: planos cuyas dimensiones difieren en más de una unidad. Consideraciones filosóficas de origen pitagórico acerca de "lo otro" y "lo mismo" asociadas a la unidad y la diada. El 5 y el 6 como generadores de números *circulares* y *esféricos*.

Capítulo XVIII. Reflexión filosófoca acerca de los opuestos: "lo mismo" y "lo otro", lo *promécico* (oblongo), como asociado a lo ilimitado y lo *idiomécico* (o *tautomécico*, el cuadrado) asociado a lo limitado.

Capítulo XIX. Comparación entre la secuencia de los cuadrados y los heteromécicos para obtener progresiones geométricas. Definición de *armonía*.

Capítulo XX. Diferentes relaciones que involucran cuadrados y heteromécicos en relación con las categorías de "lo mismo" y "lo otro". Obtención de los cubos desde la secuencia de los impares.

Capítulo XXI. Introducción al concepto de *proporción* como concepto corona del libro. Definición de *razón* y *proporción*. Proporción de tres términos (la mínima posible): proporción *continua* y *disjunta*.

Capítulo XXII. Tradición pitagórica (Platón y Aristóteles): proporciones *aritmética, geométrica* y *armónica*. Otras seis subcontrarias innominadas para llegar al *diez*, la perfección pitagórica. La proporción aritmética: definición e importancia.

Capítulo XXIII. Definición de progresión aritmética. Diferencias cualitativas con las progresiones geométrica y armónica.

Capítulo XXIV. Definición de proporción geométrica y caracterización como una proporción propiamente dicha. Propiedades y relaciones entre sus términos.

Capítulo XXV. Definición de proporción armónica. Diferencias con las otras medias. Explicación de su nombre.

Capítulo XXVI. Relación de la media armónica con los intervalos musicales: *diatesssaron, diapente, diapasón* y combinaciones. Relación con la interpretación geométrica de Filolao: la proporción armónica está presente en el cubo como 12, 8, 6 (aristas, vértices y caras).

Capítulo XXVII. Ejemplos particulares de cálculo de las tres medias. Dos pares: 10 y 40. Dos impares: 5 y 45. Fórmulas de cálculo de cada media.

Capítulo XXVIII. Tres proporciones opuestas a las ya comentadas, provenientes de la propia tradición pitagórica. Cuatro proporciones posteriores al pitagorismo. Un ejemplo de cada una.

Capítulo XXIX. La *proporción más perfecta*. Ejemplo de ella con 6, 8, 9, 12.

APÉNDICE 2
Resumen capitular de la Aritmética de Boecio

Libro 1

Capítulo 1. Proemio: división de la matemática.

Capítulo 2. Relativo a la substancia del *número*.

Capítulo 3. Definición del número y su división en *par* e *impar*.

Capítulo 4. Definición de par e impar de acuerdo a Pitágoras.

Capítulo 5. Otra definición de par e impar, de acuerdo a un método más antiguo.

Capítulo 6. La definición de par e impar, cada una relativa a la otra.

Capítulo 7. Relativo a la naturaleza elemental de la *unidad*.

Capítulo 8. Divisiones del número par.

Capítulo 9. Relativo al número *parmente par* y sus propiedades.

Capítulo 10. Relativo al número *parmente impar* y sus propiedades.

Capítulo 11. Relativo al número *imparmente par* y sus propiedades; sus relaciones con lo parmente par y lo parmente impar.

Capítulo 12. Explicación del diagrama relativo a la naturaleza de lo imparmente par.

Capítulo 13. Relativo al número impar y sus divisiones.

Capítulo 14. Relativo al número *primo* e *incompuesto*.

Capítulo 15. Relativo al número *secundario* y *compuesto*.

Capítulo 16. Relativo al número tal que en sí mismo es secundario y compuesto, pero relacionado con otro es primario e incompuesto.

Capítulo 17. Relativo a la generación de números primarios e incompuestos (criba de Eratóstenes), secundarios y compuestos y los números que en relación consigo mismos son secundarios y compuestos, pero en relación con otros son primarios e incompuestos (algoritmo de Euclides).

Capítulo 18. Relativo al descubrimiento de aquellos números que en relación consigo mismos son secundarios y compuestos, pero en relación con otros son primarios e incompuestos.

Capítulo 19. Otra división de los números pares, de acuerdo a: *perfectos*, *imperfectos* y *superabundantes*.

Capítulo 20. Relativo a la generación del número perfecto.

Capítulo 21. Relativo a una cantidad relacionada con otra.

Capítulo 22. Relativo a los tipos de cantidad: *mayor* y *menor*.

Capítulo 23. Relativo al número *múltiple*: tipos y generación.

Capítulo 24. Relativo al número *superparticular*: tipos y generación.

Capítulo 25. Relativo al uso del conocimiento del superparticular.

Capítulo 26. Una demostración de que la relación de múltiple es anterior a las otras formas de desigualdad.

Capítulo 27. La razón y explicación

APÉNDICE 2: Capítulos de la Aritmética de Boecio

de la fórmula anterior.

Capítulo 28. Relativo al tercer tipo de desigualdad: el *superpartiente*. Sus tipos y generación.

Capítulo 29. Relativo al *múltiple superparticular*.

Capítulo 30. Producción de ejemplos de múltiple superparticular y cómo encontrarlos en un diagrama anterior.

Capítulo 31. Demostración de que la desigualdad procede de la igualdad.

Libro 2

Capítulo 1. Cómo cada desigualdad se reduce a igualdad.

Capítulo 2. Relativo al número de términos de una proporción que pueden preceder a un número dado, con su descripción y una explicación de la descripción.

Capítulo 3. Múltiples que pueden obtenerse por combinación de superparticulares; reglas para alcanzarlos.

Capítulo 4. Relativo a la cantidad constante respecto a sí misma, respecto a las figuras geométricas, como elemento común de todas las magnitudes.

Capítulo 5. Relativo a los *números lineales*.

Capítulo 6. Relativo a las figuras rectilíneas planas y el triángulo como principio de ellas.

Capítulo 7. Disposición de números en triángulos.

Capítulo 8. Relativo a los lados de los *números triangulares*.

Capítulo 9. Relativo a la generación de los números triangulares.

Capítulo 10. Relativo a los *números cuadrados*.

Capítulo 11. Relativo a sus lados.

Capítulo 12. Relativo a la generación de números cuadrados y nuevamente acerca de sus lados.

Capítulo 13. Relativo a los pentágonos y sus lados.

Capítulo 14. Relativo a la generación de pentágonos.

Capítulo 15. Relativo a los hexágonos y su generación.

Capítulo 16. Relativo a los heptágonos y su generación; una regla común para evidenciar la generación de todas las figuras; descripciones de las figuras.

Capítulo 17. Descripción ordenada de los *números con forma*.

Capítulo 18. Cómo se organizan los números con forma: demostración de que el número triangular es el principio de todos los demás números.

Capítulo 19. Especulación alrededor de la descripción de los números con forma.

Capítulo 20. Relativo a los *números sólidos*.

Capítulo 21. Relativo a la *pirámide* y a su característica de principio de las figuras sólidas, tal como el triángulo lo es de las figuras planas.

Capítulo 22. Relativo a las pirámides hechas de cuadrados u otras hechas de figuras con múltipes ángulos.

Capítulo 23. Generación de números sólidos.

Capítulo 24. Relativo a las *pirámides truncadas*.

Capítulo 25. Relativo a los *números*

cúbicos; números *viga, bloque, cuña, esféricos*; *números paralelepípedos*.

Capítulo 26. Relativo a los números que son *más largos por un lado* (*heterómécicos*) y su generación.

Capítulo 27. Relativo a los números "antelongior" (*oblongos*) y la terminología de los números más largos por un lado.

Capítulo 28. Los números cuadrados están hechos de números impares y las figuras más largas por un lado (heterómécicas) están hechas de pares.

Capítulo 29. Relativo a la generación de números "latercular" (aquellos de base cuadrada y de altura menor al lado de la base) y su generación.

Capítulo 30. Relativo a los números circulares o esféricos.

Capítulo 31. Relativo a la naturaleza de las cosas de las que se dice que son de la misma naturaleza, y relativo a la naturaleza de aquellas cosas que tienen distintas naturalezas (categorías de "lo mismo" y "lo otro") y están asociadas a un número de la misma naturaleza.

Capítulo 32. Acerca de que las cosas están hechas de su propia naturaleza y así también de la naturaleza de otras, y de cómo esto puede ser visible en los números.

Capítulo 33. De la naturaleza del mismo o de otro número, en cuanto se refiere a las relaciones de una figura más larga por un lado y todas las formas de proporción que contiene. (Comparación entre cuadrados y heterómécicos para conseguir proporciones.)

Capítulo 34. La idea de cada forma toma su ser de los cuadrados y de las figuras mayores por un lado.

Capítulo 35. De cómo los cuadrados están hechos de figuras mayores por un lado; de cómo las figuras mayores por un lado provienen de cuadrados.

Capítulo 36. La unidad es la sustancia principal, los números impares están en un segundo lugar respecto a ella y el tetrágono en un tercer lugar. La dualidad (diada) es otra sustancia, los números pares están en segundo lugar respecto a ella y las figuras mayores por un lado en el tercer lugar.

Capítulo 37. Enfrentamiento de cuadrados y figuras mayores por un lado y las proporciones que se generan a partir de sus diferencias.

Capítulo 38. Demostración de que los cuadrados son todos de la misma naturaleza.

Capítulo 39. Los cubos participan de la misma sustancia y nacen de los números impares.

Capítulo 40. Relativo a las *proporcionalidades* (proporciones).

Capítulo 41. Proporcionalidades usadas por los antiguos. Las usadas por los pensadores posteriores.

Capítulo 42. Acerca de lo que se llama *proporcionalidad aritmética*.

Capítulo 43. Relativo a la *proporción aritmética medial* y sus propiedades.

Capítulo 44. Relativo a la *proporción geométrica medial* y sus propiedades.

Capítulo 45. Con qué cosas se compara la proporción medial en los asuntos públicos.

Capítulo 46. Los números planos están enlazados por una sola proporcionalidad, pero los sólidos por dos proporciones colocadas de manera medial.

Capítulo 47. Relativo a la *proporción armónica medial* y sus propiedades.

Capítulo 48. Por qué el nombre de "proporción armónica medial" y cómo

APÉNDICE 2: *Capítulos de la* Aritmética *de Boecio*

se organiza.

Capítulo 49. Relativo a la armonía geométrica.

Capítulo 50. Cómo, en dos términos colocados cada uno opuesto al otro, hay medias aritméticas, geométricas y armónicas enlazadas entre ellas; procedimiento para su generación.

Capítulo 51. Relativo a las tres proporciones mediales que son contrarias a las proporciones armónica y geométrica.

Capítulo 52. Relativo a las cuatro proporciones mediales que fueron añadidas posteriormente hasta alcanzar el número diez.

Capítulo 53. Resumen de las diez proporciones mediales.

Capítulo 54. Relativo a la mayor y más perfecta sinfonía mostrada en tres intervalos (la proporción más perfecta).

Retos del capítulo 5

Reto 5.1 Comprueba las afirmaciones del párrafo anterior a la llamada a este reto en la página 143. ¿Cómo pueden obtenerse a partir de la tabla listas de números múltiples superparticulares? ¿Es posible establecer proposiciones generales? ¿Cuáles?

Reto 5.2 En el libro de Boecio conseguimos el siguiente ejemplo. Sea dada la siguiente progresión geométrica de razón $4^{(35)}$

$$8 \qquad 32 \qquad 128$$

con la cual vamos a obtener otra a partir de las siguientes operaciones:

- el primer término de la nueva progresión es el mismo de la anterior, es decir, 8;
- el segundo término de la nueva es la diferencia entre el segundo y el primero de la anterior: $32 - 8 = 24$;
- el tercer término de la nueva se obtiene restando al tercero de la original el primero y dos veces el segundo de la nueva: $128 - 8 - 2 \times 24 = 72$.

Es decir, la nueva progresión es

$$8 \qquad 24 \qquad 72.$$

Aplicando el procedimiento anterior a esta nueva progresión se obtiene

$$8 \qquad 16 \qquad 32,$$

y una nueva aplicación conduce a

$$8 \quad 8 \quad 8.$$

Solo a partir de este ejemplo, sin ninguna demostración, Boecio afirma que la aplicación consecutiva de este procedimiento a cualquier progresión geométrica terminará eventualmente en una serie de tres términos iguales al primero de la progresión. Demuestra que Boecio tenía razón, para lo cual bastará comprobar que el procedimiento convierte la progresión inicial en otra de razón una unidad menor.

Reto 5.3 Tanto Nicómaco como Boecio presentan triángulos rectángulos numéricos como el siguiente:[36]

$$
\begin{array}{ccccccc}
1 & 2 & 4 & 8 & 16 & 32 & 64 \\
 & 3 & 6 & 12 & 24 & 48 & 96 \\
 & & 9 & 18 & 36 & 72 & 144 \\
 & & & 27 & 54 & 108 & 216 \\
 & & & & 81 & 162 & 324 \\
 & & & & & 243 & 486 \\
 & & & & & & 729
\end{array}
$$

que se pueden describir así:

- el cateto horizontal comienza por 1 y los demás términos de su fila se obtienen por duplicación;
- cada fila siguiente comienza una posición adelantada con respecto a la anterior y su primer término es la suma de los dos anteriores a él en su fila precedente;
- los demás términos de esa fila se obtienen por duplicación.

Observa que en este triángulo rectángulo el cateto horizontal contiene las potencias de 2, su hipotenusa las potencias de 3 y su cateto vertical está compuesto de superparticulares de razón $\frac{1}{2}$ (sesquialter) respecto al elemento de su fila anterior.

(a) Construye los triángulos rectángulos correspondientes a triplicación y cuadriplicación.

(b) Demuestra que si la razón de la progresión geométrica del cateto horizontal es r entonces este cateto contiene las potencias de r, la hipotenusa las potencias de $r+1$ y el cateto vertical está hecho de superparticulares de razón $\frac{1}{r}$ respecto al elemento de su fila anterior.

NOTAS Y REFERENCIAS BIBLIOGRÁFICAS DEL CAPÍTULO 5

Reto 5.4 Manteniendo la convención de llamar n a cualquiera de los números de la primera fila de la figura 5.3 de la página 147, demuestra que

(a) La segunda fila está formada por n^2.

(b) La tercera fila es la suma de las dos primeras.

(c) La cuarta fila está formada por $(n+1)^2$.

(d) La quinta fila es la suma de la tercera y la cuarta.

(e) La sexta fila está formada por $(2n+1)^2$.

Notas y referencias bibliográficas del capítulo 5

[1] Uno de los libros más conocidos e importantes de Aristóteles se llama *Metafísica* ([Ari00]), lo que puede conducir a la idea errada de que el nombre se debe o es anterior a este pensador. En realidad, *Metafísica* corresponde a una clasificación bibliográfica de Andrónico de Rodas (siglo I a. C.), quien colocó este conjunto de libros del estagirita detrás de sus ocho volúmenes de física. Entonces estaban "mas allá" de la física: eran "metafísica". Posteriormente –a partir del siglo XIII d. C.– la metafísica se convirtió en la rama de la filosofía orientada al estudio del ser. Hay quienes utilizan la palabra "metafísica" en sentido peyorativo, refiriéndose con ella al pensamiento exageradamente sutil o confuso. La mística pitagórica era metafísica en tanto tenía un fuerte componente ontológico. (Ver página 7.)

[2] [Boe10, p. 16].

[3] Nótese que al momento de su muerte contaba solo con 44 años y la *Consolación por la filosofía* demostró que aún tenía mucho que aportar.

[4] [Boe10]

[5] Ver la nota (40) de la página 38.

[6] [Bel95, p. 63].

[7] [Boe83, pp. 40, 41]. Traducción de D. J.

[8] La palabra *quadrivium* se debe al propio Boecio, quien la introduce en el mismo primer párrafo de *De institutione arithmetica*. (Ver [Boe83, p. 71].) Tanto trivium como quadrivium, en tanto cuerpos de conocimiento, provienen del pitagorismo. Las siete asignaturas que los componen fueron las *siete artes liberales* que se enseñaban en las universidades medievales. Recordemos que el trivium se compone de retórica, dialéctica y gramática; mientras el quadrivium contenía aritmética, música, geometría y astronomía.

[9] La criba de Eratóstenes consiste en escribir todos los números hasta un límite

NOTAS Y REFERENCIAS BIBLIOGRÁFICAS DEL CAPÍTULO 5

dado, comenzando por 2:

	2	3	~~4~~	5	~~6~~	7	~~8~~	~~9~~	~~10~~
11	~~12~~	13	~~14~~	~~15~~	~~16~~	17	~~18~~	19	~~20~~
~~21~~	~~22~~	23	~~24~~	~~25~~	~~26~~	~~27~~	~~28~~	29	~~30~~
31	~~32~~	~~33~~	~~34~~	~~35~~	~~36~~	37	~~38~~	~~39~~	~~40~~
41	~~42~~	43	~~44~~	~~45~~	~~46~~	47	~~48~~	~~49~~	~~50~~

y luego

- se escoge el primer número de la lista (el 2) y se tachan todos sus múltiplos en ella;
- a continuación se escoge el primer número no tachado (el 3) y se tachan todos sus múltiplos en ella (algunos ya estarán tachados);
- después se escoge el próximo no tachado, etc.

Al final los números no tachados serán los primos menores que el número escogido. Es decir, los primos menores que 50 son 2, 3, 5, 7, 11, 13, 17, 19, 23, 29, 31, 37, 41, 43 y 47

[10] [RMH52, p. 820]. Traducción de D. J.

[11] Aun cuando no nos sea tan evidente, nosotros mantenemos este detalle. Decimos $a < b$, si y solo si $b = a + p$, donde p es un número positivo. La igualdad es la relación básica para la construcción de la matemática en general.

[12] A 190 se le llama pirámide *tricurta*, ya que se han cortado tres niveles (9, 4 y 1) que le faltan para ser una pirámide propiamente dicha.

[13] [SE11, p. 73]. Traducción de D. J.

[14] En el momento actual hay una buena cantidad de fuentes relativas al juego de rithmomachia, muchas de las cuales pueden conseguirse en la red. Al artículo de Smith puede llegarse de esta manera, así como a una traducción del mismo al español. Una historia completa y muy bien documentada es la que nos presenta Ann Moyer en su maravilloso texto [Moy01]. Otra fuente interesante –en español– es [JMNnE04].

[15] Se puede ir del juego a la matemática, pero también de la matemática al juego; lo demuestra el hecho de que una rama muy apasionante de la matemática es precisamente la teoría de juegos. Pero, ¿acaso la matemática no es una disciplina muy juguetona? Es más, algunos matemáticos de muy alto calibre piensan que la matemática no es otra cosa que un juego. En este sentido, una lectura interesante es la de Roland Fraïssé en [FGe99, pp. 173–190]. Mi propio punto de vista lo propongo en [Jim01, pp. 19–22].

[16] Los cuadros del tablero de rithmomachia no tienen por qué ser de dos colores, pero tampoco hay problema en que lo sean.

[17] [Moy01, p. 174], [SE11, p. 75], [JMNnE04, p. 291], [Smi07, p. 273].

[18] [Moy01, pp. 12–13].

[19] En Venezuela existe un *Club Venezolano de Rithmomachia* que depende de la Universidad Central de Venezuela. Atendiendo a los múltiples documentos existentes, este club ha ideado un *conjunto de reglas venezolanas de rithmomachia*, constituido por una selección de normas tomada de las fuentes disponibles, intentada lo más consistentemente posible, para lo cual ha hecho falta algo de interpretación. El club posee un blog: http://rithmomachiaucv.blogspot.com donde hace reseña de sus actividades. En este blog puede leerse un artículo llamado *Para jugar rithmomachia*, el cual contiene dos enlaces para bajar sendos documentos pdf que contienen tanto las reglas del

NOTAS Y REFERENCIAS BIBLIOGRÁFICAS DEL CAPÍTULO 5

juego como la historia del mismo. Igualmente, este club ha ideado una técnica para jugar rithmomachia en línea usando una notación similar a la del juego de ajedrez.

[20] [Moy01, pp.38–42].

[21] [Moy01, pp. 39–40]

[22] La influencia de *De la consolación por la filosofía* todavía nos alcanza, pero no es éste el libro para realizar tal análisis.

[23] Capela refiere a estas artes en su famoso texto *Las bodas de Filología y Mercurio*, [FJSE94, p. 230]. En la iconografía tradicional de la Edad Media, el orden en que se mencionaban las artes que componían el quadrivium reflejaba la influencia de Boecio o de Capela. El primero consideraba a la música un estudio matemático, por lo cual acompañaba a la aritmética en los dos primeros lugares de la lista; Capela, por su parte, consideraba la música un estudio de armonía y, por tanto, debía ir luego de la astronomía formando los dos últimos lugares. Cualquiera de las dos concepciones colocaba la aritmética en el primer lugar, como reina indiscutible de las ciencias. [Boe83, pp. 13–14].

[24] Ver [Jim01, pp. 50–56].

[25] [Gol84, p. 88]

[26] [Gol84, pp. 82–113].

[27] Es insólito como en pleno siglo XXI, los programas de televisión dedicados a los lectores de cartas, adivinadores del futuro, horoscopistas y demás fauna asociada, tienen una audiencia que los hace muy altamente rentables: la estafa pública adquirió respetabilidad.

[28] Cardano, el autor de la fórmula de solución de la ecuación de tercer grado, dice en su autobiografía que cierta conjunción y orientación de los astros le salvó de haber nacido monstruoso. Todo esto después de haber comentado que nació sano a pesar de los intentos abortivos en su contra. [Car02, p. 5].

[29] No es ocioso pasearse por el hecho de que el aporte de Newton fue logrado por el genio, conjuntamente con una masa enorme de literatura ocultista, alquimista y religiosa que le significó tanto esfuerzo como la propia obra científica. Al respecto pueden leerse las biografías publicadas en la enciclopedia Sigma de James Newman: [JRNC68, pp. 179–210].

[30] Paradójicamente, Inglaterra quedó rezagada en este movimiento porque la polémica Newton–Leibniz la haría apegarse a las notaciones del primero, que carecían de la flexibilidad y cercanía a la intuición que tenían las del germano.

[31] Para un bello análisis de esta frase, sus consecuencias y sus posibles respuestas el lector puede consultar [Ben64, pp. 27–43].

[32] [BP98, p. 191].

[33] No queremos abrumar nuestra bibliografía de títulos que pudieran alejarse de nuestro discurso principal, centrado en la obra de Pitágoras. Toneladas de papel y de bits entregan información acerca del tema, pero el mismo no suele ser de fácil lectura. En sus dos libros divulgativos más importantes, el físico y matemático Roger Penrose toca el tema de una forma lo suficientemente motivadora como para iniciar su lectura. Remitimos entonces a [Pen95, pp. 136–194] y [Pen06, pp. 47–130].

[34] Esta es una de las más famosas frases de Albert Einstein en oposición a la física cuántica, cuyos resultados nunca aceptó. Históricamente resulta una paradoja que Einstein haya sido –a partir de su explicación del efecto fotoeléctrico– uno de los

NOTAS Y REFERENCIAS BIBLIOGRÁFICAS DEL CAPÍTULO 5

motivadores más importantes del estudio de la física cuántica.

[35] [Boe83, p. 123]. Nicómaco describe el procedimiento, pero no da ejemplo ninguno: [RMH52, p. 829].

[36] [RMH52, p. 830] y [Boe83, pp. 124, 125].

Bibliografía

[AoP00] Apollonius of Perga. *Conics. Books I–III*. Green Lion Press, Santa Fe, New Mexico, 2000. (Traducción de R. Catesby Taliaferro.).

[Arc02] Archimedes. *The works of Archimedes (Edited by T. L. Heath)*. Dover Publications, Inc., Mineola, N. Y., 2002.

[Ari69] Aristóteles. *Tratados de Lógica. (El Organón). Estudio introductivo, preámbulos a los tratados y notas al texto por Francisco Larroyo*. Colección "Sepan cuantos...". Editorial Porrúa. México, 1969.

[Ari00] Aristóteles. *Metafísica*. Editorial Sudamericana. Buenos Aires, 2000.

[Ari08] Aristóteles. *Física. Traducción, introducción y comentario: Guillermo R. de Echandía*. Edit. Gredos, Madrid, 2008.

[Bac82] Juan David García Bacca. *Historia esquemática de los conceptos de finito e infinito*. Universidad Central de Venezuela. Ediciones de la Biblioteca, Caracas, 1982.

[Bel86] E. T. Bell. *Men of Mathematics*. A Touchstone book. Simon & Schuster. New York, 1986.

[Bel95] E. T. Bell. *Historia de las matemáticas*. Fondo de Cultura Económica. México, 1995.

[Ben64] José A. Benardete. *Infinity (An essay in metaphysics)*. Clarendon Press. Oxford, 1964.

[Boe83] Boethius. *Boethian Number Theory. A Tranlation of the De Institutione Arithmetica (Translated by Michael Masi)*. Editions Rodopi B. V., Amsterdam, 1983.

[Boe10] Boecio. *De la consolación por la filosofía*. Ediciones ibéricas–Clásicos Bergua. Madrid, 2010. (Traducción, prólogo y notas de Juan Bautista Bergua).

[BP98] Paul Benacerraf y Hilary Putnam. *Philosophy of mathematics (Selected readings)*. Cambridge University Press, 1983. Reprinted 1998. (P. B. and H. P. editors).

[Caj93] Florian Cajori. *A history of mathematical notations*. Dover Publications, Inc. New York, 1993. (Dos libros encuadernados en un solo volumen, cada uno con su numeración particular.).

[Car02] Girolamo Cardano. *The book of my life (De vita propia liber)*. New York Review Books classics, 2002. (Translated from the latin by Jean Stoner; introduction by Anthony Grafton.).

[Ded63] Richard Dedekind. *Essays on the theory of numbers*. Dover publications Inc., New York, 1963.

[DL02] Diógenes Laercio. *Vidas de los más ilustres filósofos griegos. (2 volúmenes)*. Ediciones Folio S. A., Barcelona, España, 2002.

[EE97] Leonor Martínez Echeverri y Hugo Martínez Echeverri. *Diccionario de Filosofía*. Panamericana Editorial, Bogotá, 1997.

[Euc56] Euclid. *The thirteen books of the Elements. Translated with introduction and commentary by Sir Thomas L. Heath*. Dover Publications, Inc. New York, segunda edition, 1956. (Tres volúmenes).

[Euc91] Euclides. *Elementos*. Traducción y notas de María Luisa Puertas Castaños. Edit. Gredos, Madrid, 1991. (Tres volúmenes).

[euc07] *Euclid's Elements of Geometry*. Richard Fitzpatrick, 2007. (Edición bilingue griego–inglés con el texto canónico griego de J. L. Heiberg).

[FGe99] François Guénard y Gilbert Lelièvre (editores). *Pensar la matemática*. Colección Metatemas. Tusquets Editores, España, 1999.

[FJSE94] Frank J. Swetz (Editor). *From five fingers to infinity*. Open Court, Chicago and La Salle, Illinois, 1994.

[Fow99] David Fowler. *The Mathematics of Plato's Academy*. Clarendon Press, Oxford, 1999.

[Gol84]   Thomas Goldstein. *Los albores de la ciencia*. Fondo Educativo Interamericano. México, 1984.

[Gut88]   Kenneth Silvan Guthrie. *The Pythagorean Sourcebook and Library*. Alexandria Books, Phanes Press, USA, 1988.

[Hea81]   Sir Thomas Heath. *A history of greek mathematics. (Dos volúmenes)*. Dover Publications, Inc. New York, 1981.

[Her89]   Herodoto. *Los nueve libros de la historia. (Traducción de Bartolomé Pou.)*. Biblioteca Edaf, Madrid, 1989.

[Ifr00]   Georges Ifrah. *The universal history of numbers*. John Wiley and sons, Inc., New York, 2000.

[Jim01]   Douglas Jiménez. *La aventura de la matemática. Sus secretos, protagonistas y grandes momentos*. Editorial C.E.C., Los libros de El Nacional. Caracas, 2001.

[JMNnE04] José M. Núñez Espallargas. La aritmética de boecio y la ritmomaquia: teoría y práctica del juego medieval de los sabios. *Anuario de Estudios Medievales*, 34(1):279–306, 2004.

[JRNC68]   James R. Newman (Compilador). *Sigma. El mundo de las matemáticas. (6 tomos)*. Ediciones Grijalbo, S. A. Barcelona, Buenos Aires, México, 1968.

[Kah01]   Charles H. Kahn. *Pythagoras and the Pythagoreans. A brief history*. Hackett Publishing Company, Inc., Indianapolis/Cambridge, 2001.

[Moy01]   Ann E. Moyer. *The Philosophers' Game*. The University of Michigan Press. Ann Arbor, 2001.

[Neu69]   O. Neugebauer. *The exact sciences in antiquity*. Dover Publications Inc., New York, 1969.

[Pen95]   Roger Penrose. *La nueva mente del emperador*. Grijalbo Mondadori, 1995.

[Pen06]   Roger Penrose. *El camino a la realidad*. Random House Mondadori, S. A., 2006.

[Pla96]   Platón. *Diálogos. Estudio preliminar de Francisco Larroyo*. Colección "Sepan cuantos...". Editorial Porrúa. México, 1996.

[Pro70]   Proclus. *A commentary on the first book of Euclid Elements. Translated with Introduction and notes, by Glenn R. Morrow.* Princeton University Press. New Jersey, 1970.

[RMH52]   Robert Maynard Hutchins. *Great Books in the Western World. Vol. 11 (Euclid, Archimedes, Apollonius of Perga, Nicomachus).* Encyclopedia Britannica, Inc., The University of Chicago, Chicago, 1952. (R. M. H. Editor in chief).

[SE11]   David Eugene Smith y Clara Eaton. Rithmomachia, the great medieval number game. *The American Mathematical Monthly*, XVIII(4):73–80, 1911.

[Sin99]   Simon Singh. *El último teorema de Fermat.* Grupo Editorial Norma. Bogotá, 1999.

[Smi07]   David Eugene Smith. *Rara Arithmetica.* Cosimo Classics. New York, 2007.

[Zel91]   Paolo Zellini. *Breve historia del infinito.* Ediciones Siruela S. A., Madrid, 1991.

Índice de temas

ábaco, 150, 151
acusmáticos, 4, 94
afinación musical, 9, 31
álgebra geométrica, 67, 82
algoritmo de Euclides, 131
amigos
    números, 22
antifairesis, 108–110
anudadores de sogas, 74
aplicación de áreas, *véase* áreas, aplicación de
aproximación
    a π, 122–128
    a $\sqrt{2}$, 75, 119–121
    a $\sqrt{3}$, 123, 132
    de Taylor, 72
área(s)
    aplicación de, 66, 80, 81
        por defecto, 81, 85–88
        por exceso, 81, 82, 85–88
    comparación con un cuadrado, 82
    de figuras planas, 45, 49
    de un círculo, 45
aritmética, 11, 150, 151
    media, 31
armonía de las esferas, 10, 101
armónica
    media, 32
artes liberales, 141, 150, 162
astronomía, 10
axioma de Arquímedes, 109, 134

cálculo infinitesimal, 152
cantidad relativa, 142
cero, 44
compuesto
    número, 19, 20
cónicas, 20, 33, 81, 90

conmensurabilidad absoluta, 103, 113
conocedores, 4
constelaciones, 10
cortadura, 130
cosmos, 8, 11
criba de Eratóstenes, 141, 162
cuadrado
    número, 22–31
    opuesto a oblongo, 23, 27, 77, 106
cuadratura del círculo, 80
cuanto (como entidad física), 153
cúbicos
    números, 144
cubo, 89, 90, 93
cuneiforme, *véase* escritura cuneiforme
curvas elípticas, 80

defecto, 81, 86
deficiente, 86
    número, 21, 141, 142
definiciones
    en los *Elementos*, 6
desigualdad, 142
desigualdades, 147
díada, 16, 19, 27, 33
diez
    acumula el tetractys, 20
    es un número perfecto, 20
diorismos, 88
dodecaedro, 89, 90, 93, 105, 113
dos
    dificultades de principio, 15, 19
    es primo, 19
    no es primo, 19, 20

ecuación(es)

bicuadrática, 45, 71
de Euler, 98
de segundo grado, 44, 82, 85, 87, 88, 94, 112
de tercer grado, 44
exponenciales, 44
elementos
como causas primeras o principios, 7, 90
elipse, 81
escritura
cuneiforme, 43
hierática, 46
jeroglífica, 46
escuadra de carpintero, 25
esféricos
números, 144
estrella pentagonal, 95, 111, 113
eutigrámico, 19
eutimétrico, 19
excesivo, 86
número, 20, 141, 142
exceso, 81, 86
extrema y media razón, 111–113

figuras cósmicas, *véase* sólidos platónicos
física cuántica, 153, 165
flecha, 71
fracciones egipcias, 47, 55

geometría analítica, 152
geométrica
media, 32, 69
gnomon, 24–35, 66, 77–79, 83, 84, 86
gnomónica, 24

hecatombe, 53, 57
hierática, *véase* escritura hierática
hierático, 47, 49
hipérbola, 81

homeomería, 55
homeomérica, 53
horror infiniti, 108, 109

icosaedro, 89, 90, 93, 94
impar
definición pitagórica, 16
número, 15, 141
imparmente impar
número, 18
imparmente par
número, 17, 18
impar–par, 18
incompuesto, 20
inconmensurabilidad
como descubrimiento pitagórico, 105
diagonal–lado, 66, 105, 107, 109
en la razón áurea, 112
inconmensurable, 32, 68, 70, 95, 101, 113, 115, 120
interés compuesto, 44
interpolación, 18, 32, 107
irracional(es), 32, 68, 76, 95, 105
descubrimiento de los, 53, 66, 101
irracionalidad
de π, 122
de $\sqrt{2}$, 66, 105, 108, 128
isorrectángulo, 66, 67, 74, 90, 93, 106

jeroglífica, *véase* escritura jeroglífica

kou–ku, 72

lineal
número, 19
llenar el plano, 63
logaritmos, 152
logística, 150, 151

magnitudes conmensurables, 118
magnitudes proporcionales, 118
matemática
    babilónica, 43–46
    egipcia, 46–56
    palabra pitagórica, 12
matemáticos, 4, 12
máximo común divisor, 109
media, 31
    aritmética, 31
    armónica, 32
    geométrica, 32, 69
    subcontraria, *véase* armónica
metafísica, 7, 139, 141
método exhaustivo, 122
misma razón, 117, 128, 130
monocordio, 9, 31
múltiples
    números, 142, 147
múltiples superparticulares
    números, 142
múltiples superpartientes
    números, 142
musa de los pitagóricos, 66, 81
música, 8, 11

nociones comunes
    en los *Elementos*, 6
numeración
    arábiga, 150, 151
    de base 60, 44
    romana, 150, 151
número(s)
    amigos, 22
    cúbicos, 144
    clasificación, 15–31
    clasificación poligonal, 24
    como objeto de estudio, 12
    como pluralidad, 13
    como principio, 11, 101
    compuesto, 19
    concepción ontológica, 7–12
    cuadrado, 22–31
    de Bernoulli, 35
    deficiente, 21, 141, 142
    definición euclídea, 13, 103
    esféricos, 144
    evolución, 14–15
    excesivo, 20, 141, 142
    igual, 142
    impar, 15, 141
    imparmente impar, 18
    imparmente par, 17, 18
    irracional, 130
    irracionales, 128
    "lado y diagonal", 120–121
    lineal, 19
    múltiples, 142, 147
    múltiples superparticulares, 142
    múltiples superpartientes, 142
    mayor, 142
    medido por otro número, 17
    menor, 142
    natural, 12
    oblongo, 22–31
    par, 15, 141
    paralelepípedos, 144
    parmente impar, 17, 18, 33
    parmente par, 17, 18, 33, 141
    perfecto, 20, 141, 142
    piramidales, 144, 148
    pitagórico, 12
    poligonal, 26–31
    primo, 19, 141
    primos relativos, 20
    racional, 35, 130
    racionales, 128
    rectilineal, 19
    relación con las cosas, 10
    sólidos, 144
    semejantes, 77, 78

superparticulares, 142, 147
superpartientes, 142, 147
triangular, 22–31

oblongo
    número, 22–31
    opuesto a cuadrado, 23, 27, 77, 106
octaedro, 89, 90, 93
oidores, 4
ontología, 7, 11
orden entre razones, 119

papiro, 46
    Ahmés, 47
    de Moscú, 49
    Golesnichev, 46
    Harris, 46
    Rhind, 46
    Rollin, 46
par
    definición pitagórica, 16
    número, 15, 141
parábola, 81
paralelepípedos
    números, 144
par–impar, 17, 18
parmente impar
    número, 17, 18, 33
parmente par
    número, 17, 18, 33, 141
pentágono, 93–95, 111
pentagrama, 95
pequeño teorema de Fermat, 22
perfecto
    definición de Euclides, 20
    número, 20, 141, 142
π, 45, 49
piramidales
    números, 144
pirámide, 89, 93
pirámides egipcias, 3, 51

pitagórico(s), 1, 3–13, 15, 17–20, 23, 24, 26, 30, 33, 35, 41, 54, 59, 61–63, 66, 67, 69, 72, 76–78, 80, 81, 83, 88–90, 93–96, 101, 103–106, 108, 109, 112, 113, 118, 120, 132
    juramento, 24
pitagorismo, 1, 4–6, 8, 9, 11–14, 17, 32, 66–68, 70, 90, 93, 95, 101, 106, 111, 113, 146
plano del Universo, 90
poliedros regulares, *véase* sólidos platónicos
poligonal
    número, 26–31
postulados
    en los *Elementos*, 6
primalidad, 20
primera causa, 7
primo, 19
    de Mersenne, 22
    definición de Euclides, 19
    es impar, 19
    número, 19, 141
primos, 20
problema diofántico, 76, 79
progresión aritmética, 29
propiedad distributiva, 83
proporción, 5, 31, 104, 113–118, 144
    más perfecta, 32, 145
proporción aritmética, 144
proporción armónica, 144
    en el cubo, 145
proporción geométrica, 144
proporción áurea, 94, 97
proposición X.117, 107
proposiciones
    en los *Elementos*, 6

quadrivium, 16, 141, 145, 150,

151, 162
racional
    número, 35
razón, 31, 35, 104, 108, 113–118, 144
    definición euclídea, 114, 115
razón mayor, 119, 129
razón áurea, 97, 111, 113
rectilineal
    número, 19
redondez de la Tierra, 10
reducción al absurdo, 106, 107, 109, 110, 122
relatividad, 153
religión védica, 74
reloj de sol, 24
Renacimiento, 11
rithmomachia, 145–149

sacrificio (animal), 53, 66, 80, 81
sagita, 71
secundario
    número, 20
semejantes
    números, 77, 78
shian, 72
sibarita, 3
siete sabios, 3, 50, 51
sistema posicional, 151
sistema sexagesimal, 44
sólidos
    números, 144
sólidos platónicos, 6, 37, 89–95
    como átomos de materia, 90
    construcción platónica, 90–93
subcontraria
    media, *véase* armónica
sucesión de Fibonacci, 151
sulbasutras, 74
superparticulares
    números, 142, 147

superpartientes
    números, 142, 147
tabla pitagórica de principios, 23, 27, 77
teorema de Képler, 98
teorema de Pitágoras, 46, 64–76, 81, 82, 85, 105, 113
teorema del coseno, 85
teoría de grupos, 98
teoría de las paralelas, 62
teoría de las proporciones, 68, 70, 105, 113
teoría de números, 152
ternas pitagóricas, 66, 68, 72, 74, 76–80, 84
    fórmula de Euclides, 79
    método de Pitágoras, 76, 106
    método de Platón, 77
teselación, 98
tetractys, 9, 20, 24, 145
tetraedro, 89, 90, 93
Todo es número, 7, 103
transmigración de las almas, 3
triangular
    número, 22–31
triángulo
    (3, 4, 5), 67, 73
    30–60–90, 90, 93, 123
    mitad de un equilátero, 90, 123
triángulo (3, 4, 5), 76
tricotomía, 122
trivium, 151, 162
último teorema de Fermat, 79
uno
    definición euclídea, 13, 103
    evolución, 13–14
    frente a lo múltiple, 12, 13
    no es un número, 13
volumen(es)
    de sólidos, 45, 49

Índice de nombres propios

Adelardo, 151
Ahmés, 47
Alejandro, 139
Alejandro Magno, 71
Anaximandro, 24
Apastamba, 74, 75
Apolodoro, 53, 66
Apolonio, 20, 33, 81, 85, 139
Arenario, 135
Aristófanes, 95
Aristójenes, 52
Aristóteles, 5, 7, 11, 13–15, 17,
　　19, 22, 23, 27, 53, 54, 56,
　　61–63, 77, 106, 139, 151
Arithmetica universalis, 11
Aritmética, 76
Arquímedes, 82, 113, 118, 120,
　　122–125, 127, 128, 132,
　　139, 140
Arquitas, 11, 31
Asiria, 43

Babilonia, 3, 24, 43, 70
Bagdad, 43
Barrow, 114, 117
Baudhayana, 74
Bernoulli, J., 35
Bías, 50
Boecio, 16, 139–141, 145, 147,
　　150, 151, 160, 161, 164
Boissiere, 146
Briggs, 152

Calímaco, 53
Cantor, G., 108, 152, 153
Cantor, M., 77
Capela, 150, 164
Cardano, 152, 164
Carmides o De la templanza, 37
Casiodoro, 150

Champollion, J. F., 46
China, 72
Chiu chang suan shu, 72
Chou pei suan ching, 72, 73
Cicerón, 66
Cleobulina, 50
Cleóbulo, 50
*Comentario al primer libro de
　　Euclides*, 5, 89
Continuidad y números irracionales, 130
Conway, J., 98
Crotona, 3, 4

Dedekind, R., 128, 130
De institutione arithmetica, 140
De la naturaleza de los dioses, 66
Demócrito, 7
Descartes, 152
Diofanto, 76, 80, 139
Diógenes Laercio, 5, 50–54, 61,
　　66

Egipto, 3, 51, 56
Einstein, A., 164
Elementos, 5, 6, 17, 18, 21, 52,
　　54, 66–69, 78, 81, 82, 85,
　　88–90, 93, 105, 107–109,
　　113, 118, 120, 122
Empédocles, 7, 90
Escher, M. C., 98
Estobeo, 15
Euclides, 5, 6, 13, 15, 17–23, 25,
　　33, 52, 54, 55, 61, 63, 64,
　　66, 68, 69, 78, 79, 82–
　　90, 94, 95, 99, 107–110,
　　112–119, 122, 131, 139,
　　140, 152
Eudemo, 54, 55, 61, 66, 81
Eudoxo, 14, 68, 70, 109, 110,
　　113–116, 122, 152

Euforbo Frigio, 53
Éufrates, 43
Euler, L., 22, 97, 98
Eurito, 22
Europa, 140
Examio, 50

Fenicia, 3
Fermat, 139, 152
Fermat, P. de, 22, 80
Fibonacci, 151
Filolao, 17, 90
Física, 15, 27
Francia, 71
Friedlein, G., 105

Gaffurio, Franchino, 9
Gauss, C. F., 33
Gelón, rey, 135
Gémino, 52–54, 61
Gerado de Cremona, 151
Gerberto de Aurillac
   papa Silvestre II, 149, 150
Golesnichev, W., 46, 49
Grecia, 1, 3, 32, 41, 50–52

Harris, A. C., 46
Heath, T. L., 4, 10, 13, 14, 38, 52,
   53, 55, 66, 68, 73, 75, 77,
   88, 93, 95, 98, 99, 114,
   117, 134
Heiberg, J. L., 63, 95, 107
Herón, 83
Hermannus Contractus, 150
Herodoto, 4, 43, 50
Herón, 25, 26, 72, 123, 139
Hesíodo, 7
Hilbert, D., 153
Hipaso, 4, 94, 105, 113
Hipócrates, 88, 122
Homero, 4

Iámblico, 5, 8, 13, 14, 16, 17, 22,
   32, 33, 94, 105

Imperio Bizantino, 139
India, 74
Inglaterra, 71
Irak, 43
Isidoro de Sevilla, 150
Italia, 3

Jerónimo, 51
Jordanus Nemorarius, 152
Juan de Sevilla, 151

Képler, J., 98
Katyayana, 74, 75
Kronecker, L., 103, 152

Leibniz, G., 152, 164
Leonardo de Pisa, 151
Leucipo, 7
Locrida, 90
Los nueve libros de la historia, 4
Luciano, 95

Manava, 74
Manrique, J., 131
Medida del círculo, 122, 123
Mersenne, M., 22
Mesopotamia, 43
Metafísica, 5, 15
Mileto, 3, 50
Mnesarco, 3
Moderatus, 15
Museo Británico, 46, 47
Museo de Bellas Artes de Moscú,
   49
Museo de Berlín, 44

Nínive, 43
Napier, 152
Neleo, 51
Nerón, 53
Neugebauer, O., 44, 45, 57, 72
Newton I., 164
Newton, I., 11, 152, 153

Nicómaco, 15–17, 19–21, 32, 33, 39, 139–141, 150, 161, 165
Nilo, 46
Nubes, 95

Oenopides, 25
Ovidio, 149

Pánfila, 53, 61
papa Silvestre II
    Gerberto de Aurillac, 149
Pappus, 32
Penrose, R., 98
Periandro, 50
Piedra de Rosetta, 46
Pitaco, 50
Pitágoras, 1, 3–5, 8–10, 12, 15, 22, 31, 32, 38, 41, 52, 53, 61, 63, 66, 67, 75, 76, 78, 80, 81, 94, 99, 101, 103, 113
Platón, 4, 37, 50, 76, 78, 89, 90, 93, 105, 139, 151
Plutarco, 66, 80, 81
Polícrates, 3
Porfirio, 5, 55
Primeros analíticos, 106
Proclo, 5, 6, 37, 51–55, 59, 61, 63, 65, 66, 68–70, 76, 81, 82, 89, 90, 96, 100, 105

Quilón, 50

Rhind, H., 46
Rollin, 46
Roma, 139

Samos, 3
San Agustín, 140
Segundos Analíticos, 53
Sibaris, 3
Simsom, R., 114
Smith, E., 47

Sociedad Histórica de Nueva York, 46
Solón, 50

Tabit ibn Qurra, 22
Tales, 3, 7, 14, 15, 45, 50–55, 61, 62
Tartaglia, 152
Taylor, B., 72
Teetetes, 93, 94, 105, 106
Teetetes o De la Ciencia, 105
Tel Dhibayi, 70
Teodoro, 105, 106
Teón, 13, 15, 17–20, 28, 33, 120
Theorica Musicae, 9
Timaridas, 13, 19
Timeo, 90
Timeo o de la Naturaleza, 90
Tomás Moro, 149
Tycho Brahe, 152

Utopía, 149

Vedas, 74
Vieta, 152

Wiles, A., 80

Yambos, 53
Young, T., 46
Yourcenar, M., 41

Zamolxis, 4

Índice de términos griegos

ἀκουσματικοί, akousmatikoi, 4
ἄλογον, álogon, 105
ἄλογος, álogos, 32, 108
ἀναλογία, analogía, 31
ἀνάλογον, análogon, 104
ἀναλόγων, análogon, 105
ἀνῆκτο, anekto, 63
ἀνθυφαίρεσις, anthyfairesis, 109
ἀνταναίρεσις, antanairesis, 134
ἀριθμός, arithmos, 17
ἀριθμός, arithmos, 11, 12, 139, 148, 152, 153
ἀρτιάκις, artiakis, 17
ἀρτιοπέριττος, artioperittos, 18
ἄρτιος, artios, 15, 17
ἀσύνθετος, asynthetos, 20

γλύφω, glyfo, 46
γνώμων, gnomon, 24
γραμμικός, grámmikos, 19

δεύτερος, deuteros, 20
διορισμός, diorismos, 88

ἔλλειψις, elleipsis, 81, 86, 88
ἐλλιπής, élipes, 21
ἕν, en, 12
ἑτερόμηκες, eterómekes, 23
εὐθυγραμμικός, euthygrammikos, 19
εὐθυμετρικός, euthymetrikos, 19

ιερός, ieros, 46

καὶ, kai, 20
κόσμος, kosmos, 101
κόσμος, kósmos, 8

λόγος, logos, 31, 104, 108, 113

μαθήματα, mathemata, 12
μαθηματικοί, mathematikoi, 4, 12

μαθηματικός, mathematikos, 12
μετρούμενος, metroúmenos, 17
μονάς, monas, 12, 14

ὁμοιομερεῖς, omoiomereis, 52

παραβολή, parábole, 81
πέρας, peras, 13
περισσάκις, perissakis, 17
περισσάρτιος, perissarrtios, 18
περισσός, perissos, 17
περισσός, perissos, 15
πλῆθος, plethos, 14
ποσόν, posón, 13, 14
πρῶτος, protos, 19, 20

στιγμή, stigmé, 14
σύνθετος, synthetos, 20

τέλειος, teleios, 20
τετράγωνον, tetrágonon, 23
τετρακτύς, tetractys, 9

ὑπερβολή, hipérbole, 81, 86, 88
ὑπερτέλειος, hiperteleios, 20

www.ingramcontent.com/pod-product-compliance
Lightning Source LLC
Chambersburg PA
CBHW081444170526
45166CB00008B/2307